アカウント運用から**キャンペーン**まで**ひとりでも**成果が出せる

いちばんやさしい Instagram マーケティングの教科書

アライドアーキテクツ株式会社・藤田和重・金濱壮史 著
SMMLab 監修

Rutles

　世界中の人々が自分の体験を共有し、そこから新しい交流がはじまる。
　Instagramの登場により、こんな時代が訪れました。世界で5億人、日本では1,200万人以上が利用するInstagramは、今や加工アプリや写真・動画専用のSNSに留まらず、目の前で起こったことを自分なりの視点で切り取り、共有するメディアとして人々を惹きつけています。そして、1枚の写真やたった数秒の動画が興味や感性が近い人の共感を生み、国境や言語の垣根を越えたさまざまなコミュニティを作り出しているのです。

　世界的な盛り上がりとともに、企業がInstagramをビジネスに利用する動きも活発化してきました。
　一方的な宣伝が響かなくなってきていると言われるようになって久しいですが、企業も生活者と同じ目線に立って積極的にコミュニティの中に入っていく姿勢を見せることで、製品やブランドの魅力を伝え、信頼関係を築くことができます。

　本書は、企業の方、現場のマーケティング担当者の方がInstagramを活用して、ビジネス上の「成果」を出していただくことを目的とした本です。
　アカウント開設の方法に始まり、魅力的な投稿コンセプトの作り方、ユーザーを巻き込むキャンペーンやコミュニケーション設計、効果測定まで必要なことを網羅しています。

しかし、本書の執筆で私たちが最も重視したのは、「Instagram マーケティングの考え方」をお伝えすることです。ニュースや情報、意見を共有する他のSNSとは異なり、Instagramはユーザーの「体験」を共有します。Instagramならではのユーザーとの関わり方や、ビジネスのどんなシーンに貢献するかを理解していただけることを目指しました。

　日進月歩の進化を続けるInstagramですが、ベースとなる考え方さえ理解していれば、本質的な活用ができるはずだからです。

　本書をお読みいただければ、ひとりで成果を上げるのはもちろん、社内で協力者を見つけたり、外部のパートナーに委託する上でも、自社の運用軸をぶらすことなく上手に依頼できることでしょう。

　まずはInstagramマーケティングの全体像を把握するために、最初から通読してみてください。そして、アカウント開設、戦略策定、施策の実行時など、取り組みを進める際にも手元に置いてご参考ください。

　これからは、個々人がメディアとなり、自分の体験を発信することがあたりまえの時代です。メディアにおいてもマーケティングにおいても、ビジュアルの影響力が強まっていくでしょう。

　企業にとってはInstagramが活用できるかどうかが、今後のマーケティング・コミュニケーションの試金石となるかもしれません。だからこそ今のうちに、しっかりと本質を理解した上でInstagram を活用し、経験や知恵を積み重ねていただければと思います。それはビジュアル時代のマーケティングにおいて、必ずや資産となるはずです。

　本書がこれからInstagramをビジネスに活用される方、そしてすでに活用されている方が、より成果を上げるためのお役に立つことができれば著者としてこの上ない幸いです。

CONTENTS

はじめに ………………………………………………………………… 2

第1章
Instagramの基本とビジネス活用

01 Instagramとは？ ………………………………………… 10

02 Instagramと他のSNSって何が違うの？ ……………… 12

03 Instagramをビジネスに活用するには？ ……………… 14

04 アカウントを登録したい ………………………………… 18

05 「いいね！」やコメントをしたい ……………………… 20

Column ▶ 複数アカウントの切り替え ……………………… 22

第2章
写真・動画を投稿する

01 どんな投稿すればいいの？ ……………………………… 24

02 写真を投稿したい ………………………………………… 30

03 タグ付けをしたい ………………………………………… 32

04 写真は縦長と横長どっちがいいの？ …………………… 34

05 動画を投稿したい ………………………………………… 36

06 複数枚の写真をコラージュしたい ……………………… 40

07 人気の加工アプリを知りたい …………………………… 42

08 他の人の写真や動画を利用するには？ ………………… 46

Column ▶ インスタジェニックな投稿のポイント ………… 50

第 **3** 章
ハッシュタグを活用する

01 ハッシュタグって何？ ……………………… 52

02 ユーザーはどんなときに
ハッシュタグを使っているの？ ………… 54

03 気になる情報をハッシュタグで
検索するって本当？ ……………………… 56

04 ハッシュタグをどのように
マーケティングに活用するの？ ………… 58

05 投稿を見てくれる人を増やすには、
どんなハッシュタグを付ければいいの？ ……… 60

06 商品のクチコミを増やすにはどうすればいいの？ ………… 62

07 ハッシュタグキャンペーンって何？ ……………… 64

08 キャンペーンではどんな写真を
募集すればいいの？ ……………………… 68

09 キャンペーン専用のハッシュタグを作るには？ …………… 70

10 キャンペーンを成功に導くポイントは？ …………………… 74

11 イベントの様子をInstagramで
拡散するには？ …………………………… 78

12 ユーザーが投稿した写真を
自社サイトで活用するには？ …………… 80

Column ▶ 時間を指定して投稿する ……………… 82

第 **4** 章

ユーザーと交流して
アカウントを活性化させる

01 フォロワーを増やすためには
どうすればいいの? ……………………………… 84

02 最適な投稿頻度や投稿時間は? ……………… 88

03 フォロワーからコメントがきたら? …………… 90

04 ユーザーの投稿に「いいね!」やコメントは
した方がいいの? ……………………………… 92

05 Instagramから自社サイトに
誘導するには? ………………………………… 94

06 インフルエンサーってどんな人? ……………… 96

07 インフルエンサーマーケティングは
どんなことに注意するの? …………………… 102

08 Instagramの写真を
ECサイトで活用するには? …………………… 104

09 他のSNSに同時投稿をしたい …………………… 106

Column ▶ 分割した写真を投稿して、プロフィールページに誘導する … 108

第 **5** 章

Instagram広告を出稿する

01 Instagram広告の特徴と効果 ································ 110

02 Instagram広告の種類と目的 ······························ 112

03 出稿までの流れが知りたい ································ 116

04 Instagram広告のルールを知りたい ·················· 126

05 広告にはどんな画像が適しているの？ ············· 130

06 広告のターゲットはどうやって決めればいいの？ ········· 132

Column ▶ ユーザーの投稿を広告に活用する ············· 134

第 **6** 章

Instagramマーケティングの効果測定

01 Instagramマーケティングの効果測定は
どうしたらいいの？ ·· 136

02 効果測定ができるツールにはどんなものがあるの？ ······ 138

03 Instagramインサイトの見方 ····························· 140

04 ICONOSQUAREの見方 ··································· 142

05 Aistaの見方 ··· 146

06 Social-INの見方 ·· 148

Column ▶ ストーリーズに追加された4つの機能 ·········· 150

第7章

Instagram活用事例

01 GreenSnap
（アライドアーキテクツ株式会社）……………………………… 152

02 Oisix「夏のOisix写真投稿キャンペーン」
（オイシックス株式会社）……………………………………… 156

03 カゴメ健康直送便「つぶより野菜」
（カゴメ株式会社）…………………………………………… 160

04 スキンケア化粧品シリーズ「ライスフォース」
（株式会社アイム）…………………………………………… 164

05 BEAUPOWERプラセンタ Sparkling
（常盤薬品工業株式会社）…………………………………… 168

索引 …………………………………………………………… 172

おわりに ……………………………………………………… 174

●サービスやソフトウェアに関する記述は、2016年12月2日現在での最新バージョンを元にしています。
●インターネットの情報は、URLや画面等が変更されている可能性があります。
●本書で解説しているスマートフォンの操作画面は、特に断りのない限り、iOS端末（iOS10.1.1）の画面を掲載しています。

第 1 章

Instagramの基本とビジネス活用

Instagram活用をはじめる前に、Instagramの特徴やビジネス活用の全体像を知りましょう。この章では、Instagram人気の理由から、ビジネスで利用する際の目的と手法、アカウントの登録まで、Instagramのビジネス活用の基本となる内容を解説します。

01 Instagramとは?

Instagramは、世界で5億人が利用する写真共有サービスです。この章では、Instagramの概要と基本の操作方法を解説します。

1 Instagramの特徴

　Instagramは、2010年6月にアメリカで誕生した**無料の写真・動画共有サービス**です。独自のフィルター加工機能が備わっており、スマートフォンで撮影した写真や動画をアート作品のように加工できる特徴を持っています。シンプルなプラットフォームや操作のしやすさも人気の理由です。

　今では、**全世界での月間アクティブユーザーが5億人**を超え（2016年9月時点）、**日本国内でも1200万人**が利用しています。ユーザーの65％が女性、35％が男性で、メインユーザーは20〜30代前半の女性です。

　InstagramはTwitterやFacebookと違い、写真と動画が中心と

アカウントのプロフィール画面。過去の投稿を一覧でき、気に入ったアカウントは「フォローする」からフォローすると、投稿が自分のフィードに表示されるようになります。

40種類のフィルターを適用したり、明るさやコントラストを調整したりして、写真・動画の加工を楽しめます。

なっているSNS（ソーシャルネットワーキングサービス）です。言語の壁が他のSNSと比べて低いことも特徴です。

2 ユーザー同士の交流も人気のポイント

Instagramでは投稿するだけでなく、Twitterのように**ユーザーをフォローして閲覧**することができます。フォローしたアカウントの投稿は、「**フィード**」と呼ばれるメイン画面に表示されます。

また、他のユーザーの投稿に対して賛同の気持ちを込めたアクションの「いいね！」をしたり、コメントなどを通じてコミュニケーションが取れたりします。これは企業が運用するアカウントでも同じです。個人も企業も、Instagram上では同じ１ユーザーとして考えられています。

3 使い方は人それぞれ

すでに知っている友人だけをフォローする、有名人や企業、お店のアカウントをフォローする、料理や小物など特定の被写体だけを投稿するなど、ユーザーによって使い方は異なります。**自由な使い方ができる**こともInstagramの魅力といえるでしょう。

Instagramの投稿がきっかけとなり、多くの人に影響を与える「**インフルエンサー**」と呼ばれる人も登場しています。インフルエンサーについては、第４章で説明します。

Word ▶▶▶【Instagram】

Instagramの名前の由来は「Instant（即座）」と「telegram（電報）」を足した造語といわれています。開発者の「撮影した写真を即座に届ける」という想いが込められた名前になっています。

Instagramと他のSNSって何が違うの？

InstagramはFacebookやTwitterにはない特性を備えています。Instagramの特性を知り、効果的に使うヒントにしましょう。

1 投稿の特徴

　日本ではFacebookやTwitterなど、さまざまなSNSが利用されています。実名制か匿名性か、情報の拡散がしやすいかなど、それぞれに特徴があります。ユーザーの中には、Instagramだけでなく、ひとりで複数のSNSを使っている方も多いため、他のSNSとの違いを理解し、効果的な投稿や交流をすることが必要です。

　Instagramは、写真や動画を投稿するSNSです。キャプションとしてテキストも一緒に投稿できますが、**テキストだけを投稿することはできません**。そのため、写真や動画の質が重視されます。

　また、**キャプションにはリンクを付けることができません**。これは他のSNSと大きく異なる特徴です。リンクを付けることができないので、投稿を見たユーザーが自社サイトを訪れるには工夫が必要です。投稿から自社サイトへの誘導は、第4章で解説します。

2 拡散の特徴

　Instagramには、Facebookの「シェア」やTwitterの「リツイート」のような、**投稿を見たユーザーが他者に共有・拡散する機能がありません**。これは、投稿がフォロワー以外のユーザーに届きにくいという特徴でもあります。

　それでは、ユーザーはフォローしていないアカウントをどのように見つけているのでしょうか。Instagramの投稿では、**ハッシュタグと位置情報が頻繁に使われます**。特にハッシュタグはひとつの投

稿に10個以上付けられることも珍しくなく、ユーザー同士の接点になっています。ハッシュタグと位置情報は、ユーザーから検索されることもあるので、大切な情報です。

また、**2015年10月から運用型広告も始まり、低予算で広告を出稿できる**ようになりました。運用型広告は、第5章で解説します。

■ Instagram、Facebook、Twitterの特徴

	Instagram	Facebook	Twitter
匿名／実名	匿名制	実名制	匿名制
投稿の特徴	写真・動画 ＋テキスト （テキストのみは不可）	テキスト、リンク、写真、動画	テキスト、リンク、写真、動画
拡散範囲	フォロワーのみ	投稿ごとに設定	制限なし
共有	なし	シェア	リツイート
メイン画面の表示順	重要度順	重要度順	重要度順か 新着順かを選択
メイン画面に表示される投稿	フォローしているユーザーの投稿	フォローしているユーザーの投稿（「いいね！」やシェアされた投稿も含む）	フォローしているユーザーのツイートとリツイート
ハッシュタグ	10個以上付けることもある	あまり付けない	1～2個付ける

Word ▶▶▶【運用型広告】

広告の予算を自社で自由に設定して、Web上で直接出稿できる広告。セルフサーブ型広告ともいう。

03 Instagramを ビジネスに活用するには?

Instagramを企業で活用する前に、目的と手法を考えましょう。
Instagramの活用には他のメディアにないメリットがあります。

1 ビジネス活用の目的

Instagramをビジネスに活用する目的は3点あります。Instagramの運用に行き詰まったときや、Instagramをビジネスに活用する目的を周囲に説明しなくてはいけないときは、ここに立ち返ってみてください。

1. ブランドイメージを作れる

Instagramは写真や動画といったビジュアルの力を使って、企業やサービスのブランドイメージを作れるSNSです。**「ブランドイメージ」は、企業や商品・サービスに対して、生活者が感じるイメージが積み重なってできています。**写真や動画は、文章よりも直感的にイメージを伝えられます。**Instagramはスマートフォンを介して頻繁にユーザーと接触できるので、これまで難しかった「ブランドイメージ作り」を比較的簡単に実践できるようになった**のです。これこそInstagramがビジネスでも注目を浴びている理由です。

良いブランドイメージは顧客満足に繋がり、支払ってもいいと考える価格が上がります。たとえば、ルイ・ヴィトンやロレックスは高いブランドイメージを維持しているので、高価格でも買いたいという顧客が後を絶ちません。また、スターバックスは他のコーヒーチェーンより高めの価格設定ですが、利用イメージがブランド化していることによって、価格以上に高い満足を感じ、ファンになっている顧客も多いのです。このようにブランドイメージを作ることで、**競合との差別化を進め、価格競争から抜け出せる**のです。

14

2. 顧客と関係を構築できる

　ユーザーにフォローしてもらい、「いいね！」やコメントでコミュニケーションすると、商品を購入した既存顧客だけではなく、将来の顧客とも関係を築けます。

　FacebookやTwitterでは、文章や情報を通じて関係を構築していきますが、Instagramではビジュアルを活用して直感的に「いいね！」と思ってもらうことで関係を築きます。写真１枚で、**これまで振り向いてもらえなかった顧客とも関係と作る**ことができるのです。

3. クチコミを増やせる

　Instagramで積極的に発信していると、自社商品の写真を投稿してくれるユーザーが増えてきます。Instagramの投稿は写真や動画なので、**実際に体験したことしか投稿できません**。そのため、実体験をベースにした信頼性の高いクチコミがたくさんあります。友人や知人からの紹介のように、親近感や信頼感を持って受け入れられるので、商品の魅力が伝わりやすいメリットもあります。

　さらに、クチコミを発信してくれるユーザーのフォロワーにも情報が届くので、**広告費をかけなくても商品やサービスを多くの人に知ってもらえる**ようになります。

【送客】
顧客になる前のユーザーをインターネットから店舗へ誘導すること。

2 Instagramマーケティング主要6手法

　Instagramのマーケティング活用には、大きく分けて６つの手法があります。これらの手法を目的に応じてうまく組み合わせて、実行していくとよいでしょう。

　それぞれの詳細については、第２章以降で紹介しています。

1. アカウント運用

　アカウント運用は、Instagramマーケティングのメインの取り組みです。自社のアカウントで投稿し、フォロワーとコミュニケーションを取ります。**ここで何よりも大切なのは、コンテンツの質**です。プロが撮るような写真や動画でなくてもよいので、自社らしいコンテンツの投稿がInstagramマーケティングで成功する秘訣です。

▶**詳しくは、第２章、第４章へ**

2. ハッシュタグ

　Instagramにはハッシュタグと呼ばれる、ユーザー同士を繋ぐ仕組みがあります。ハッシュタグはコミュニティとして成り立っていたり、商品のクチコミが集まっているので、**写真と並んでInstagramマーケティングのカギとなる施策です。**

▶詳しくは、第３章へ

3. キャンペーン

　ユーザーに自社に関する投稿をしてもらうキャンペーンという手法があります。

　クチコミを増やしたり、アカウントのフォロワーを増やすためにうまく活用しましょう。

▶詳しくは、第３章へ

4. インフルエンサー

Instagramですでに人気があり、周囲に対して高い影響力を持っているユーザーをインフルエンサーと呼びます。インフルエンサーに自分なりの表現方法で投稿をしてもらうと、商品の認知や信頼を高めることができます。

▶詳しくは、第4章へ

5. 広告

Instagramでは2015年より広告が開始されました。広告といっても企業がアピールしたいことだけを発信するのではなく、**Instagramらしい写真や動画が好まれます。**

広告を活用すると自社サイトやECサイトにリンクできるため、ブランド価値を伝え、関係構築したユーザーをInstagramの外に送客できます。

▶詳しくは、第5章へ

6. ユーザーの投稿の活用

ユーザーの投稿画像をWebサイトやECサイト、広告用の画像として活用することもできます。ユーザーのクチコミをより多くの人に見せられる手法です。

▶詳しくは、第3章、第4章へ

ここまで紹介してきたInstagramの活用例よりも大切なことは、**Instagramを楽しむ**ことです。ユーザーとのコミュニケーションやInstagramの世界観を楽しみながら、気負わず運用してみてください。

04 アカウントを登録したい

Instagramの利用には、スマートフォンへのアプリインストールと、アカウントの登録が必要です。ここではInstagramの利用開始方法を解説します。

1 アプリをインストールする

　Instagramを利用するためには、スマートフォンにアプリをインストールします。InstagramはiPhoneとAndroidで利用できますが、ここでは、iPhoneでのインストール方法を説明します。

ホーム画面で「App Store」をタップします。

「入手」→「インストール」をタップし、Apple IDを入力するとインストールが開始します。ホーム画面にアイコンが表示されるとインストール完了です。

メニューバーの「検索」をタップします。

「検索スペース」に「Instagram」と入力して、「検索」または「Search」をタップします。

2 アカウントを登録する

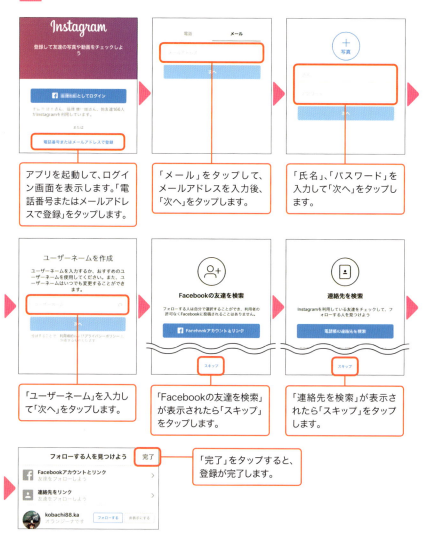

アプリを起動して、ログイン画面を表示します。「電話番号またはメールアドレスで登録」をタップします。

「メール」をタップして、メールアドレスを入力後、「次へ」をタップします。

「氏名」、「パスワード」を入力して「次へ」をタップします。

「ユーザーネーム」を入力して「次へ」をタップします。

「Facebookの友達を検索」が表示されたら「スキップ」をタップします。

「連絡先を検索」が表示されたら「スキップ」をタップします。

「完了」をタップすると、登録が完了します。

Column ▶▶▶ プロフィールにはどんなことを書くの？

アカウントが登録できたら、プロフィール画面の入力をします。プロフィールには、写真、150字までの自己紹介文、WebサイトのURLを入力できます。

05 「いいね!」やコメントをしたい

「いいね!」とコメントはInstagramでの交流の基本です。個人のユーザーだけでなく企業で活用する場合にも使う機能ですので、使い方を覚えましょう。

1 「いいね!」をする

「いいね!」は投稿を気に入ったり、賛同の意を表すときに使います。フォローをしていなくても「いいね!」はできます。自社のアカウントを知ってもらうきっかけとしても活用できます。

「いいね!」をしたい投稿を表示します。写真の左下にある「♡」をタップすると、「いいね!」ができます。また、写真をダブルタップしても「いいね!」できます。

「♡」が赤くなっていると「いいね!」している状態です。

「いいね!」をした人数やユーザーネームが表示されます。

2 コメントをする

コメントは文章でユーザー同士がコミュニケーションを取れる方法です。

コメントをしたい投稿を表示します。「吹き出しマーク」をタップすると、コメントができます。

コメントボックスが表示されるので、テキストを入力します。コメントの文字数に制限はなく、ハッシュタグをつけることもできます。

3 コメントに返信する

自分のアカウントに他のユーザーからコメントが付いた場合、返信ができます。フォロワーからのコメントにはこまめな返信を心がけましょう。

返信したいコメントを左にスワイプします。

「@ユーザーネーム」に続いてコメントを入力します。

Column ▶▶▶ コメントを削除する

間違えてコメントをしてしまったり、入力途中にコメントをしてしまったりした場合は、コメントを削除しましょう。削除は、返信をするときと同じように削除したいコメントを左にスワイプし、「ゴミ箱マーク」をタップします。

Column
複数アカウントの切り替え

　Instagram公式アプリはバージョン7.15から、プロフィール設定画面でアカウントを追加し、簡単に切り替えられるようになりました。
　最大5つまでのアカウントを追加して切り替えられるので、個人のアカウントや、ブランドや製品ごとなど複数のアカウントも同時に運用できます。

■ アカウントの追加・切り替え方法

　複数アカウントを登録すると、右下にログイン中のプロフィール画像が表示されます。間違ったアカウントから投稿しないように、どのアカウントにログインしているのか必ず確認してください。

第2章
写真・動画を投稿する

Instagramでは、テキストのみの投稿はできないため、写真や動画の質に注目が集まります。この章では、写真・動画の投稿方針や注目を集めるための加工アプリ、他のユーザー投稿を二次利用する方法まで解説します。

01 どんな投稿をすればいいの?

Instagramの特性を踏まえて投稿の方針を決めましょう。投稿の方針を決めるには3つのポイントがあります。

1 Instagramに向いている投稿を考える

　Instagramは、画像と動画というビジュアル・コンテンツによる、**ノンバーバル（非言語）なコミュニケーションが特徴**です。こうしたことから、ブランディングに特化したプラットフォームだといえます。キャプションとしてテキストを付けられますが、テキストはあくまでも補助的な要素。写真・動画で何をどれだけ伝えられるかが、一番のポイントとなります。

　Instagramでは原則として、ユーザーが目にするのは「自分がフォローしたアカウントの投稿」のみです。ですから、ユーザーに「自分のフィードに並べたい」と思わせるような「良質な写真・動画」を投稿し、フォローしてもらわなければなりません。

　2015年10月にFacebook社が発表した、日本におけるInstagram利用動向調査「Japanese on Instagram」によると、利用者が企業の投稿に求めるものとしては、「投稿内容が面白い（46％）」、「写真が高品質（34％）」が上位となっています。

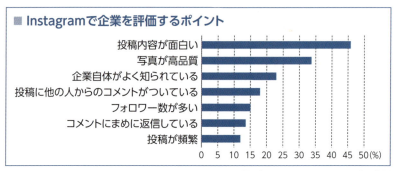

Facebook Japan調べ「Japanese on Instagram」から作図

「投稿内容が面白い」というのは少し抽象的な表現ではありますが、Instagramのユーザーは「自分の好きなものだけを見たい」といった志向が強いもの。企業も「何を発信したいか」という視点だけではなく、**「ユーザーが共感できるか？フォローしたくなる理由があるか？」**といった客観的な視点を持てるかが重要でしょう。

　アカウントはプロフィール画面からフォローするため、なんらかのきっかけで投稿を見たユーザーがプロフィール画面を表示して、そこに並んだ投稿画像の印象で、フォローするかどうかを判断します。そのため、**ひとつひとつの投稿だけではなく、一貫した世界観やイメージを表現すること**が大切です。自社のブランドやサービスの「写真集」を作るような感覚で、テーマと投稿内容を考えてみてはいかがでしょうか？

■ **プロフィール画面が印象的なアカウント例**

Moleskine
(@moleskine_world)

Converse
(@converse)

2 アカウントのコンセプトの考え方

1. メインテーマを決める

　初めからテーマを絞りすぎると、投稿のネタに行き詰まってしまい、継続的な運用が難しくなります。まずは、**自社のブランドやサービスで一番フォーカスしたい部分＝メインテーマ**は何かを考えてみましょう。商品なのか、スタッフなのか、ロゴマークなのか、イメージカラーなのか、自社に合ったテーマを考えます。

2. 見せ方を決める

　メインのテーマが決まったら次に、それをどんな風に見せるかを考えます。商品をテーマにするなら商品展開のバリエーション、利用シーン、製造過程、モデルチェンジの歴史などを、他の広告やSNSとは違った視点で見せることができないか検討してみてください。

　キャッチコピーやスローガンをビジュアルで表現してみるのもひとつの方法です。

3. ユーザーの気持ちを想像する

　写真・動画を見たユーザーにどんな気持ちになってもらいたいかを考えます。Instagramでは画像を見た瞬間に、「すごい／キレイ／かわいい／カッコいい／面白い／美味しそう／行ってみたい／欲しい」といった感情が湧く、**直感性**が重要です。

　コカ・コーラの飲料水「い・ろ・は・す」は、テレビ広告では「つぶせるボトル」を訴求していました。しかし、Instagramのアカウントでは、「水」自体にフォーカスし、さまざまに形を変える水の面白さや透明さを表現した投稿をしています。躍動感と清涼感のあふれる画像が人気となりました。

　このように、メインテーマ、見せ方、感情を順に検討し、アカウントのコンセプトを固めましょう。コンセプトを明確にすると、運用を継続してもぶれない投稿ができ、投稿の一貫性がアカウントの世界観を醸成します。

い・ろ・は・す(@ ilohas_jp)

3 アカウントの世界観を確立する

　アカウントに世界観を持たせるためには、**コンセプトだけでなくクリエイティブ※の制作手法にも一貫性が必要です**。プロフィール画面に並んだ投稿の印象がバラバラでは、ブランドイメージが統一されません。投稿の印象を左右するのはトーン（色合いや明るさといったスタイル）とマナー（画角や構図などの手法）です。ブランドのイメージに合わせて、投稿写真の雰囲気を考えてみましょう。

■ 独自の世界観が人気のアカウント例

NIKELAB (@nikelab)
NIKEの先進的なプロダクトを紹介している@nikelabは、画像のレイアウトやトーンなどを3枚単位で統一しています。

VANS（@vans）
NIKEと同じスニーカーブランドでも@vansは、ブランドコンセプトを印象付けるスケートボードやサーフィンといった横乗り系スポーツの写真を、青みがかったトーンでまとめています。

※広告やデザインにおける、作品そのものや作品に使われている素材のこと。本書では広告や投稿に使用する画像や動画素材を指します。

木工yamagen
(@mokkouyamagen)
横浜で家具や生活道具を制作する@mokkouyamagenは、工房内の作業風景や完成品の画像だけでなく、オーナーの家族写真も投稿することで、木のぬくもりや手仕事の温かみ、丁寧な暮らしなどのイメージをうまく伝えています。

YSL Beauty
(@yslbeauty)
YSL Beautyはカラーバリエーションをうまく使った製品アートやモノトーンのモデル画像を投稿するなど、コスメブランドらしく色にこだわって投稿されています。

American Express
(@americanexpress)
@americanexpressは、プロダクトプレイスメント※のようにロゴやクレジットカードを、うまく溶け込ませた画像を投稿しています。

※広告手法のひとつ。映画やテレビドラマなどで小道具や背景として企業や商品を表示させる手法。

**LAVIE City
(@lavie_city)**

@lavie_cityはミニチュアアートで知られるデザイナー田中達也氏を起用し、Lavie Cityで暮らすLavie家の物語をミニチュアで表現しています。使われている素材の面白さや、技巧の細かさが大きな魅力となっています。

**ケンタッキー
フライドチキン
(@kfc)**

@kfcはブランドアイコンであるカーネル・サンダースをモチーフに、ユニークな画像を投稿。Instagramだけで見られる面白さがファンに親近感を抱かせています。

4 共感される投稿写真の考え方

　Instagramでは**インスタ映えする＝インスタジェニックな写真・動画でなければ、ユーザーに好かれません。**投稿しようとする画像が「インスタジェニック」かどうか、P.50を参考にチェックしてみてください。

02 写真を投稿したい

投稿の方針が決まったら、実際に投稿してみましょう。写真または動画にキャプションやハッシュタグ、位置情報を加えて投稿します。

1 写真を撮影・加工する

下部メニューの「カメラアイコン」をタップするとカメラが起動します。

中央の「シャッターボタン」をタップすると、写真が撮影されます。「ライブラリ」をタップするとカメラロールから撮影済みの画像を選択できます。

撮影した画像とフィルターを使用した際のデモが表示されます。イメージに合ったフィルターを選択します。

フィルターを選択したら、「編集」をタップして明るさやコントラストなど細かい調整をします。

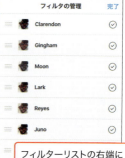

フィルターリストの右端にある「歯車アイコン」をタップすると、フィルターリストの管理ができます。よく使うフィルター順に並べ替えておくと便利です。

2 キャプションにはどんなことを書くの？

　キャプションは投稿で伝えたいメッセージをテキストの力で補足するものです。ですから、**ターゲットを意識して、心に響く文章を考えます**。文語か口語か、絵文字は使うのか、短くて読みやすい方がいいのか、詳しく丁寧に説明した方がいいのか、ターゲットとの距離感を考えてみましょう。「おはよう」、「おやすみなさい」、「いってらっしゃい」、「お疲れ様」といった日常の挨拶や、年中行事に合わせた季節のあいさつは、ユーザーも反応しやすいでしょう。また、ユーザーへの質問や提案として疑問文もおすすめです。

写真のキャプション（説明文）を入力するには、「キャプションを書く」をタップします。

「位置情報を追加」をタップし、「おすすめ」に表示された場所か、追加したい位置情報を検索します。位置情報は投稿後に追加したり、編集することもできます。

キャプション内にハッシュタグ（P.52参照）を記載する場合は、半角#に続けてキーワードを入力します。すでに使われているハッシュタグがある場合は候補リストが出てきます。

Column ▶▶▶ 投稿に対する反応を増やす

ソーシャルメディア調査会社のTrackMavenが10,000ブランドのInstagram投稿画像600万枚を調べたところ、「Hefe」フィルターを使った画像は、平均的な投稿に比べて5.6％反応が良かったそうです。
キャプションでは、「@」のすぐ後ろにユーザーネームを入力すると、他のユーザーをタグ付けできます。ユーザーをタグ付けした投稿は、反応率が56％高くなるという調査データ（Simply Measured調べ）もあり、コミュニケーションを自然に増やすことができます。
また、位置情報を追加すると、反応率が79％も向上したというデータもあります（Simply Measured調べ）。

タグ付けをしたい

投稿には、写っているユーザーや関係のあるユーザーをタグ付けできます。
コミュニケーションのきっかけにもなる大切な機能です。

1 タグ付けをする

　写真にはアカウントを関連付けることができます。この機能を「タグ付け機能」といいます。タグ付けすると相手に通知でき、写真を見たユーザーがタグ付けされたアカウントを見ることができるため、投稿の拡散性が高まります。

2 投稿時にタグ付けをする

3 投稿済みの写真にタグ付けする

この「タグ付け機能」は、自社アカウントの投稿画像に、ブランドや製品アカウントや支店、パートナー企業のアカウントを関連付けるためにも利用できます。

また、店内やイベント、コンテストなどの写真に写っているユーザーのアカウントをタグ付けすれば、**コミュニケーションのきっかけになる可能性もあります。**

すべてのユーザーが、自分の画像にはフォロー関係の有無に関わらずタグ付けできるため、意図せずタグ付けされることもあります。もし、無関係な写真にタグ付けされたり、望まないタグ付けをされたりした場合には、自分でタグを削除できます。

04 写真は縦長と横長どっちがいいの?

投稿する写真は縦長にするか横長にするかで、ユーザーに与える印象が変わります。それぞれの特徴を知り、自社に合った投稿をしましょう。

1 縦長と横長の特性を知る

　当初は正方形の画像しか投稿できなかったInstagramですが、現在は縦長・横長の長方形画像も投稿できます。投稿された画像は、Instagramのフィードの横幅を基準に表示されます。そのため、**フィードをスクロールしながら見る場合は、縦長画像のほうがインパクトがあります**。しかし、プロフィール画面で**一覧表示した場合は横長画像の方がバランス良く見えるでしょう**。

　また、縦長は人物、横長は風景が収まりやすいので、アカウントに投稿されるテーマに相応しい画角を検討してみましょう。無計画に縦・横・正方形を混在させるのではなく、全体のバランスも考慮すると、アカウントの統一感を損ないません。

■ 縦長・横長画像をうまく活用しているアカウント例

Gucci (@gucci)
バッグの画像は横、モデルの画像は縦と使い分けています。

第2章 ▼ 写真・動画を投稿する

**おおくま珈琲店
(@ponmicafe)**
横画像が多く、プロフィール画面の一覧では、上下の白い余白が額縁のような効果を出しています。

**ボンメルスリー
(@bonmercerie)**
縦横だけでなく、画像を分割したり切り抜いたりして、バランスよく並べて、プロフィール画面がアルバムの1ページのような雰囲気になっています。

Column ▶▶▶ 撮影機材はなにを使う？

投稿のコンセプトによって、撮影機材を使い分けると良いでしょう。
最近ではスマートフォンのカメラ性能も格段に向上しているため、企業のアカウントであっても、スマートフォンで十分撮影できます。特に生活に密着した消費財や日常的に訪れることの多い飲食店、アクティブに楽しむイベントなどを題材にした写真は、スマートフォンで撮影した方が、実際の体験に近い臨場感や親近感を表現しやすいでしょう。
一方、ブランドの世界観を完成されたイメージとして撮影したいのであれば、やはり一眼レフカメラの表現力が必要となります。

05 動画を投稿したい

Instagramには60秒までの動画も投稿できます。複数のカットをつなぎ合わせることもでき、ビジネス活用にも適している機能です。

1 Instagramの動画とは?

　Instagramには写真だけでなく動画も投稿できます。写真投稿よりも動画投稿の方が「いいね!」数、エンゲージメント率(「いいね!」数÷フォロワー数)が高い傾向にあるというデータ[※]もあるので、積極的に活用しましょう。

※株式会社メタップス調べ(http://www.metaps.com/press/ja/blog-jp/303-insta-metaps-vml-report)

2 動画の投稿方法

　Instagramの動画撮影には2つの方法があります。
❶ひとつのシーンを連続で撮影し続ける
❷いくつかのシーンを撮影してから各シーンをつなぎ合わせる
　いずれも撮影時間は合計最大60秒です。限られた時間でメッセージを伝えられるように、事前に簡単なシナリオを作成しておくとよいでしょう。

■ 動画の撮影方法

画面下中央のカメラアイコンをタップします。

「動画」を選択します。

36

第2章 ▼ 写真・動画を投稿する

長押ししている間撮影され、指を離すと撮影終了となります。シーン別に撮影する場合はこの作業を繰り返します。

撮影が終了したら、画面右上の「次へ」をタップします。

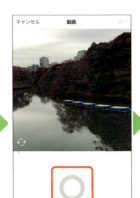

「シャッターボタン」を長押しして撮影します。

削除をタップすると、直前に撮影したシーンが削除できます。

フィルターを選択します。

「カバー」をタップすると、カバー画像を選択できます。

「キャプションを書く」をタップすると、キャプションの入力ができます。「シェア」をタップすると、投稿が完了します。

37

3 関連アプリを使って動画を作成する

　Instagramには、一風変わった動画を手軽に撮影できる「Hyperlapse（ハイパーラプス）」「Boomerang（ブーメラン）」という2つの公式アプリがあります。それぞれの撮影方法を解説します。

■ Hyperlapse
（ハイパーラプス）

撮影した動画の速度を12倍速まで指定して「早送り動画」が作成できます。

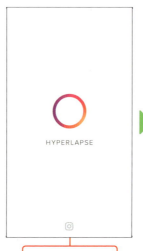

アプリを起動します。

画面下部の「シャッターボタン」をタップします。

撮影中は、シャッターボタンの下に「撮影時間→早送りされた時間」が表示されます。もう一度シャッターボタンをタップすると撮影が終了します。

左右にスライドすると、早送りの倍率を選択できます。

■ Boomerang
（ブーメラン）

1秒間に10コマの写真を撮影し、それをつなげてループさせた4秒の動画が作成できます。

アプリを起動します。

「シャッターボタン」をタップすると、撮影できます。

シャッターボタンの周りを囲む白い線が一周したら撮影が完了します。

保存が完了すると、InstagramやFacebookに投稿できます。

Column ▶▶▶ 24時間限定の写真・動画

写真や動画をスライドショーのような形式で、まとめて投稿できる「インスタグラムストーリーズ」という機能もあります。文字や絵文字を入れることもでき、24時間で消滅するので、連続投稿を気にすることなく、気軽に投稿できます。時間限定のプレミアム感が出せるうえに、閲覧者を確認できます。

06 複数枚の写真をコラージュしたい

複数の商品やイベントの様子など、何枚かの写真をまとめて投稿したいときには、コラージュという手法が最適です。

1 Layout from Instagramでコラージュする

　Instagramでは多くの写真を連続して投稿するのは、フィードが占領されてしまうためユーザーからあまり歓迎されません。しかし1枚の写真だけでは表現しきれないこともあります。そんなときは複数の写真を1枚に組み合わせるコラージュという手法を使ってみましょう。

　コラージュ写真を作成するには、Instagramの公式アプリとして提供されている「Layout from Instagram」を使用します。

アプリを起動します。

コラージュする写真を選びます。

最大9枚までタップして写真を選択します。

「レイアウト」で選択した写真の並べ方を選びます。

「保存」をタップすると写真を保存できます。

「編集」では写真の場所を入れ替えたり、大きさの比率を変更したりできます。

保存するとInstagramやFacebookなどにシェアできます。

　製品を多角的に見せる、シリーズやラインナップを並べる、イベントのハイライトをまとめるなど、アイデア次第でいろいろな見せ方ができるので工夫してみてください。

41

07 人気の加工アプリを知りたい

Instagramでは、画像に特殊な加工を施したものも見受けられます。フォロワーの注目を集められるので、利用してみましょう。

1 人気加工アプリ7選

　Instagramが人気となったことで、本格的な写真撮影の知識や技術がなくても、雰囲気のあるおしゃれな写真を手軽に作れる、画像加工アプリが数多く登場しています。ここではInstagramでよく見かける、人気の加工ができる代表的なアプリをご紹介します。

■ Snapseed

左右にフリックするだけで直感的に補正や効果を変更できるアプリ。チュートリアルも充実しているので、誰でも簡単にプロ並みの写真加工ができます。編集ツールも数が多く、細かい部分まで調整可能です。部分的に明るくしたり、ボカシを入れたりすることもできます。編集履歴をさかのぼる機能もあるので、いろいろと試しながら調整してみましょう。

`iOS`
https://itunes.apple.com/jp/app/id439438619

`Android`
https://play.google.com/store/apps/details?id=com.niksoftware.snapseed

■ BeautyPlus

多彩な特殊効果や編集機能で、「自撮り」などの顔写真を簡単に美しく加工できます。美肌効果のあるフィルタだけでなく、目を大きくしたり、ニキビやクマを消したり、輪郭や体型も変えられます。静止画だけでなく動画にも使える他、ステッカーやペンを使ったデコレーションも可能です。

iOS
https://itunes.apple.com/jp/app/beautyplus-meikameradenachuraruni/id622434129

Android
https://play.google.com/store/apps/details?id=com.commsource.beautyplus&hl=ja

■ MSQRD（マスカレード）

スマートフォンのカメラに人の顔を認識させ、仮面のようにフィルターを適用できます。選択したフィルターと合成するほか、被写体同士の顔を交換することも可能です。こうした顔認証アプリが数多く登場していますが、MSQRD（マスカレード）は認証精度の高さを評価され、2016年3月にFacebook社に買収されました。Instagramと同じFacebook社傘下となったことで、今後の連携や機能拡充が注目されます。

iOS
https://itunes.apple.com/jp/app/msqrd-zi-cuoribideo-yongnoraibufirutatofeisusuwappu/id1065249424

Android
https://play.google.com/store/apps/details?id=me.msqrd.android

■ Adobe Photoshop Mix

レイヤー機能を使って簡単に画像合成ができるアプリです。指でタッチするだけで画像を切り抜いたり、背景を削除したりできます。部分的にフィルターをかけることが可能なので、全体をモノクロにして、目立たせたい部分だけをカラーにする表現もできます。

iOS
https://itunes.apple.com/jp/app/adobe-photoshop-mix-creative/id885271158

Android
https://play.google.com/store/apps/details?id=com.adobe.photoshopmix

■ Adobe Photoshop Fix

明るさ、カラー、調整、修復、ペイント、ぼかし、ゆがみなどのツールを使って、高品質なレタッチや復元ができます。指でなぞるだけで、映り込んでしまった不要な被写体を消したり、顔のパーツを変形させて表情を修正したり、肌を滑らかにすることも可能です。

iOS
https://itunes.apple.com/jp/app/id1033713849
※現在はiOSのみ

■ Prisma

ゴッホ、ピカソ、ムンクといった世界中の有名な芸術家や、著名なアーティストのスタイルをパターン化したフィルターを選ぶだけで、写真や動画を芸術作品のように加工できます。加工後の写真には「Prisma」のロゴが入っていますが、設定画面の「Enable Watermarks」のスイッチをオフにするとロゴを消せます。

iOS
https://itunes.apple.com/jp/app/prisma-free-photo-editor-art/id1122649984

Android
https://play.google.com/store/apps/details?id=com.neuralprisma&hl=ja

■ Flipagram

スマートフォンやInstagram、Facebookなどから読み込んだ写真や動画クリップを、多機能ツールとフィルターで加工・編集して、スライドショー形式の動画にするアプリ。音楽配信ストアと連携しているので、無料試聴できる30秒間であれば、著作権を気にせずにBGMとして利用できます。また、スマートフォンのマイクを使って録音した音声ナレーションを使うこともできるので、製品やサービスの解説動画なども作りやすいでしょう。

iOS
https://itunes.apple.com/jp/app/flipagram/id512727332id1065249424

Android
https://play.google.com/store/apps/details?id=com.cheerfulinc.flipagram

08 他の人の写真や動画を利用するには?

Instagramで他の人の投稿を拡散するには、Instagram以外のアプリの利用が必要です。ここでは、拡散方法とその際の注意点を説明します。

1 Instagramで投稿を拡散する

　InstagramにはTwitterの「RT（リツイート）」やFacebookの「シェア」のように、他のユーザーの投稿を拡散する機能がありません。しかし、外部アプリを使うことで他者の投稿を自分のアカウントで再投稿し、共有することができます。これを「**リグラム**」といいます。自社の製品やサービスを利用してくれたユーザーの投稿やキャンペーンの参加投稿などを、感謝のメッセージを添えてリグラムしてみてはいかがでしょうか？　よく利用されているリグラムのアプリには次の2つがあります。

■ Repost

iOS
https://itunes.apple.com/jp/app/repost-for-instagram/id570315854

Android
https://play.google.com/store/apps/details?id=com.redcactus.repost

右上の「Instagramマーク」をタップすると、Instagramが起動します。

リグラムしたい投稿を表示し、「…」をタップします。

「URLをコピー」をタップします。

46

Repostに戻り、投稿元のアカウントを示すラベル位置を調整します。

「Repost」をタップします。

「Got it」をタップし、Instagramを起動させて投稿します。

■ #ootd_WITH

国内では唯一のリグラムアプリ

`iOSのみ`

https://itunes.apple.com/jp/app/regram-repost-image-movie/id953462162

アプリを起動して、Instagramにログインします。

「Regram Post URL」をタップすると、Instagramが起動するので、リグラムしたい投稿のURLをコピーして、#ootd_WITHを起動します。

「Regrams」をタップします。

投稿元のアカウントのラベル位置を調整します。

「Next」をタップし、Instagramを起動させて投稿します。

47

また、独自のシステムやキャンペーンなどで収集した投稿をリグラムしたり、自社サイトに転載したり、広告のクリエイティブとして活用したりもできます。詳しくは第4章で解説します。

　Instagramの日本公式アカウント（@instagramjapan）では、「ジャパン・ハッシュタグ・プロジェクト」を開催しています。これは毎月、被写体テーマとハッシュタグをアナウンスして、テーマに沿った作品の撮影とシェアを提案し、参加作品の中からInstagramチームお気に入りの作品をピックアップして、公式アカウントで紹介する企画です。テーマの設定や参加投稿の紹介方法などを参考にしてみてはいかがでしょうか？

2 二次利用で注意することは?

　Instagramに投稿された写真や動画は、投稿者に著作権があります。リグラム用のアプリを利用すれば、「引用」として必要なクレジットの記載が可能ですが、ユーザーによってはプロフィールに「拡散NG」「無断転載禁止」と記載している方もいます。**リグラムの際は必ずプロフィールを確認しましょう。**

　また、独自システムやキャンペーンなどによってリグラムする場合は、次の記載を忘れないようにしましょう。

- 引用元の投稿者の「@+ユーザーネーム」を入れる
- 引用元に記載されているハッシュタグとコメントを踏襲する
- 「#repost」または「#regram」というハッシュタグを付ける

　リグラム用アプリを使わない場合や、リグラムではなく自社サイトや広告で二次利用する場合は、事前に該当ユーザーから利用許諾を受ける必要があります。以下の方法のいずれかで、ユーザーに利用を許諾してもらいましょう。

1. 投稿する段階で二次利用承諾の意思表示となるハッシュタグをつけてもらう

　P.48の@instagramjapanのように、あらかじめ決まったハッシュタグを付けた投稿は、再利用する可能性がある旨をアナウンスしておきましょう。ハッシュタグ利用以外に、コンテストやキャンペーンなどでは、二次利用前提を参加条件に記載しておくとよいでしょう。

2. Instagramのダイレクトメッセージで意思確認する

　Instagramではフォロー関係に関わらずダイレクトメッセージを送ることができます。当該ユーザーに直接連絡をして二次利用の許可をもらいましょう。

3. 外部サービスを経由して利用許諾の意思確認をする

　ハッシュタグキュレーションサービス（第5章参照）やUGC活用サービス（P.134参照）では、管理画面から「オファー」という形でユーザーに連絡をとれるものがあります。

　いずれにしても、Instagramのユーザー投稿を二次利用する場合は、投稿者が「企業に利用されている」と嫌悪感を持たないように敬意を払い、感謝をもって利用させていただくという姿勢が大切です。

Column
インスタジェニックな投稿のポイント

　Instagramにマッチしたフォトジェニックな様を"インスタジェニック"といいます。写真や動画がインスタジェニックかどうかの判断は、肌感覚によるところも大きいため、最初はよくわからないかもしれません。そんな場合は、自社のアカウントがターゲットとする人がフォローしていそうなアカウントや、コンセプトに関連したハッシュタグに投稿されている写真を分析してみましょう。

　Instagramアプリの画面の下にある「虫眼鏡」アイコンをタップすると、おすすめの投稿が表示されます。ひとつひとつの投稿のテーマを予想してみたり、レイアウトや構図の傾向や、どんなキャプションやハッシュタグが添えられているかをチェックしてみましょう。

　また、ハッシュタグで検索すると結果一覧の上部に、ユーザーの反応が多い人気投稿が表示されます。自社の投稿を考えるときの具体的なヒントになるでしょう。

おすすめ投稿の表示画面。

■ インスタジェニックな投稿の特徴
- センスの良さが感じられる
- 親近感がある
- 季節感が伝わってくる
- 驚きや意外性がある
- Instagramでしか見られない限定感がある
- 直感的な美しさがある
- 人の気配が感じられる
- 技巧が凝らされている
- シズル感が伝わってくる
- イメージが膨らむ

第 3 章

ハッシュタグを活用する

ハッシュタグ（#）は、Instagramマーケティングのカギとなる施策です。多くのユーザーに投稿を届けたり、フォロワーを増やしたりできます。ハッシュタグを利用したキャンペーンを開催すれば、自社についての投稿や、クチコミを増やすことも可能です。

01 ハッシュタグって何?

ハッシュタグ（#）は、投稿を多くの人に見てもらうために活用します。投稿だけでなく検索にも使えるツールなので、活用法を理解しましょう。

1 ハッシュタグとは何か

　ここからは、Instagramを活用する上で、写真の次に重要ともいえる「**ハッシュタグ**」について説明します。ハッシュタグとは、**キーワードの前にシャープマーク（#）を付けることで、Instagramの投稿にラベルを付けることができる仕組み**です。教科書やノートにふせんを付けるように、写真にラベルを貼っていくのです。

　たとえば、恵比寿でお昼ごはんにパスタを食べたときの写真をInstagramに投稿する場合、キャプションに「#恵比寿」、「#ランチ」、「#パスタ」といったハッシュタグを付けます。

　ハッシュタグはリンクとしても機能します。キャプションに付いたハッシュタグをタップすると、ハッシュタグの一覧ページに移動でき、同じハッシュタグが付いた写真や動画を一覧で見られるのです。

たとえば、お昼ご飯にハンバーガーを食べたときの写真をInstagramにアップする場合、キャプションに「#ランチ」「#ハンバーガー」といったハッシュタグを付けます。

ハッシュタグをタップすると、表示される一覧ページは、人気投稿と最新投稿が見られます。

2 ハッシュタグは検索のツールとしても活用できる

　Instagramではキーワードで写真を検索できません。そのため、キーワード検索の代わりとして**「ハッシュタグ検索」**が盛んに行われています。

　検索といっても、GoogleやYahoo!のように知りたい情報を探すためだけに活用されているわけではありません。「何気なく見ていたフィードに流れてきた投稿に付いているハッシュタグをタップして、他の写真も見てみる」というようなゆるい繋がりも生まれています。

　裏を返せば**ハッシュタグを付けると、フォローされていないユーザーにも自社の写真を見てもらえるきっかけになります。**適切なハッシュタグを付けて、自社の投稿が多くの人に見られるようにする工夫が必要です。

　ハッシュタグ検索についてはP.56で解説します。

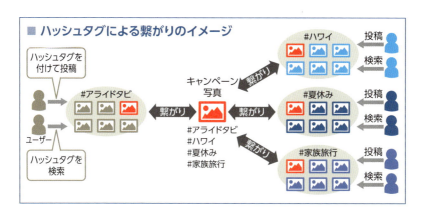

■ ハッシュタグによる繋がりのイメージ

Column ▶▶▶ ハッシュタグは絵文字にも対応

ハッシュタグは文字だけではなく、#🎵や#⭐などのように絵文字にも対応しています。また、#JAPAN🇯🇵などのように文字と絵文字の組み合わせにも対応しています。ビジュアルで直感的に繋がるInstagramらしい活用方法といえるでしょう。

02 ユーザーはどんなときにハッシュタグを使っているの?

ハッシュタグを活用するためには、ユーザーがどのようなハッシュタグを使っているのかを知ることが不可欠。5種類のハッシュタグを理解しましょう。

1 ハッシュタグ文化を理解する

　ハッシュタグはTwitterやFacebookをはじめとした、さまざまなSNSに搭載されている機能です。Instagramではハッシュタグの活用そのものが「文化」になっています。

　なぜハッシュタグが活用されるようになったのでしょうか。それには2つの理由があります。

　ひとつ目は、ハッシュタグを使うと、**多くの情報を簡潔に伝えられる**点です。写真や動画を投稿するInstagramでは、文章はあくまでも脇役。伝えたいことをすべて盛り込むと長文になり、すべてを読んでもらいにくくなってしまいます。そこで、**伝えたいキーワードをハッシュタグにして羅列することで、簡潔に情報を伝える**のです。

　ふたつ目は、「認められたい、繋がりたい」というユーザーの欲求です。Instagramは日常の中にある非日常的な瞬間を切り取ってシェアするメディア。匿名制のTwitterのように、自分の人となりを完全に隠すことはできません。その反面、**ユーザーは自分を背伸びして見せる傾向**にあります。

　こだわり抜いた自分の写真へ「いいね!」やコメントが付いたり、Instagramを通じて趣味を共有したいという人も多いでしょう。ハッシュタグはただの表現手段ではなく、世界と自分を繋ぐ接点にもなっているのです。

　次のページでは、よく使われるハッシュタグを5つに分類しました。

2 よく使われている5種類のハッシュタグ

1. 被写体や状況の説明

写真に写っているものや、そのときの状況をハッシュタグで説明する使い方です。被写体、地名、店舗名などが投稿されます。

（例）#りんご　#ランチ

2. 感情や気分

そのときの感情や気分をハッシュタグで表現する使い方です。

（例）#happy　#おいしかった

3. テーマ

写真のテーマをハッシュタグで表現する使い方です。

木曜日に昔の写真を投稿する#tbt（throwback thursday：木曜日に昔を振り返ろう）のほか、Instagram独自のテーマも数多くあります。

（例）#tbt　#ootd　#おうちごはん

4. コミュニティ

ユーザー同士の交流の場になっているハッシュタグです。有名なのは子どもの写真を投稿するときに使う「#親バカ部」やペットに使う「#ふわもこ部」などの「#○○部」シリーズ。他にも、生後6ヶ月の赤ちゃんをアップするときに使われている「#6ヶ月」も多く投稿されています。

（例）#親バカ部　#ふわもこ部　#6ヶ月

5. 主張やキャッチフレーズ

ハッシュタグが特定の主張の標語となり、同意する人たちの投稿によって急速に広まることがあります。

有名なのは筋萎縮性側索硬化症（ALS）の研究を支援するために広まったアイスバケツチャレンジ。Instagramでは「#icebucket challenge」のハッシュタグでシェアされました。また、パリでテロ事件があったときには、追悼の投稿が「#prayforparis」とともにシェアされました。

（例）#icebucketchallenge　#prayforparis

03 気になる情報をハッシュタグで検索するって本当?

知りたいことをハッシュタグで検索する人が増えています。ハッシュタグでの検索の目的や特徴を知りましょう。

1 Instagramは他者の「体験」の宝庫

　インターネットでの検索というと、GoogleやYahoo!といった検索エンジンを思い浮かべる方が多いのではないでしょうか。Instagramと検索エンジンでは、見つかる情報の質に違いがあります。検索エンジンは、検索した人に有益だと思われる情報が上位に表示される仕組みになっています。検索上位には、企業のサイトや有名比較サイトなどが表示される傾向にあります。**これらのサイトは情報量が多く、価格や性能など詳細な情報を知りたい場合に向いています。**

　一方、Instagramは自分が食べたもの、行った場所といった実際の「体験」がシェアされているメディア。**検索で見つかる情報も誰かのリアルな体験であることが特徴**です。実用例を調べたいときはInstagramの方が向いているといえるでしょう。さらに、新しい投稿ほど上位に表示されますので、「今」の状況がわかります。

■ 検索エンジンでの検索とInstagramでの検索の違い

メディア	特徴
検索エンジン	「正確な情報」「大量の情報」を調べることに向いている
Instagram	「今」「他者の体験」「実用例」を調べることに向いている

2 ハッシュタグ検索の分類

ハッシュタグ検索は2つのシーンで活用されています。

1. なんとなく検索

検索によって知りたい情報が決まっているわけではないけれど、興味がある事柄を検索する場合。**写真や動画を直感的に見ることができるInstagramならば気負わず情報を眺められます。**

たとえば、パンケーキが食べたいと思ったときに「#パンケーキ」で検索をしてみます。検索して出てくる写真には、厚みのあるパンケーキやフルーツのソースがかかったパンケーキ、クリームが大量に載っているパンケーキなど、いろいろな種類のパンケーキが見られます。さらに興味のあるパンケーキの写真をクリックすると、ハッシュタグや位置情報からお店の名前がわかります。ここでようやく、店舗名という具体的なキーワードにたどり着きました。詳細な場所や価格を調べる場合は検索エンジンを使います。

2. クチコミ検索

商品購入前の比較検討段階で、実用例を見るためにInstagramで検索する場合。欲しいと思った商品を実際に使っている人の情報は安心感があります。クチコミを知るために比較サイトやレビューを見ることはこれまでもありました。**最近では、情報量が多いInstagramで検索するユーザーも増えてきています。**

先ほどのパンケーキの例では、実際のお店の雰囲気や料理のボリューム感などは、一般のユーザーが撮影したInstagramの写真の方がより鮮明に伝わります。ファッションも同様です。広告や公式サイトでのきれいなモデルの写真も参考になりますが、「自分が着ても本当に似合うのか」、「他の人はどんなコーディネートをしているのか」といったことを知りたいときは、一般ユーザーの写真の方がより身近に感じられます。Instagramの写真は、より自分に近いこととして感じられるのです。

ハッシュタグをどのようにマーケティングに活用するの?

フォロワーは自社に興味を持っているユーザーです。ユーザーの人となりやライフスタイルがわかるのもハッシュタグを活用するメリットです。

1 ハッシュタグをマーケティングに活用する目的は?

ここまでは、ユーザーがどのようにハッシュタグを活用しているのかを見てきました。ここからはハッシュタグをマーケティングに活用する方法を紹介します。

1. 自社の投稿を多くのユーザーに届ける

ただ投稿するだけでは、自社のフォロワーのみに投稿を届けることになりますが、ハッシュタグを付けると、**ハッシュタグを経由して興味・関心が近いユーザーに投稿を届けることができます**。自社に関連するワードをハッシュタグとして利用し、ターゲットユーザーにうまくリーチしましょう。

2. クチコミ検索対策

Instagramユーザーが、商品やサービスをハッシュタグで検索していることはすでに説明しました。検索したときに、情報量が多いと安心感があります。購買の意思決定プロセスの前にInstagramで検索するユーザーが増えてきている以上、**自社の情報がInstagram上に豊富にある状態を作る**ことが大切です。

3. コミュニティとの交流

Instagramでは企業のアカウントも1ユーザーとして、他のユーザーと対等に交流できます。自社のターゲットが集まっているコミュニティの中に入り、ユーザーとの信頼関係を築きましょう。

4. リサーチ

自社製品の使用シーンや活用方法をビジュアルで見られるのもInstagramのポイントです。意外なユーザー層の間で流行していた

り、企業が想定していなかった使い方を発見できるかもしれません。

5. ユーザーの投稿写真の活用

　ユーザーが撮影した写真を二次活用する方法です。ユーザーの写真を自社の投稿として活用したり、Instagramの写真をWebサイトに表示させる仕組みや、ECサイト、広告で活用する方法があります。

2 顧客と繋がれるハッシュタグの探し方

　ハッシュタグを付けて投稿する前に、これから繋がりたいユーザーがどのような写真を投稿し、どんなハッシュタグを使っているのか考えてみましょう。

1. 関連ワードでハッシュタグ検索をする

　自社の商品カテゴリや関連するキーワードを、ハッシュタグで検索してみましょう。多肉植物を販売している店舗を例に考えます。

ハッシュタグの検索画面で「多肉植物」と検索をしてみます。検索結果の上位で盛り上がっているハッシュタグがわかります。

「#多肉植物初心者」のハッシュタグページを見てみると、上部に関連ハッシュタグがあります。「#多肉植物アレンジ」というハッシュタグで自分なりの鉢植えをして楽しんでいるユーザーが多いことがわかります。

2. フォロワーが活用しているハッシュタグを見る

　すでに自社アカウントにフォロワーがついている場合は、**フォロワーがよく使っているハッシュタグを見てみましょう**。自社のフォロワーの間で意外なコミュニティができているかもしれません。

　フォロワーの人となりを把握することもできます。男性と女性はどちらが多いですか。また、どんなところに行って、何を食べているでしょうか。フォロワーの特徴にも注目しましょう。

05 投稿を見てくれる人を増やすには、どんなハッシュタグを付ければいいの?

ハッシュタグの選び方や数は、投稿の目的に合わせて変える必要があります。投稿の目的と合わせて決めましょう。

1 ハッシュタグは何個付ければいいの?

投稿に付けられるハッシュタグは最大30個です。理論的にはハッシュタグを多く付ければ付けるほど、ユーザーとの接点が多くなります。ただし、**目いっぱい付けると、何を伝えたいのか不明瞭になってしまうデメリット**もあります。

それでは、ハッシュタグを何個付けて投稿するべきなのか、Instagramを活用する目的に応じて紹介します。

1. ブランディング目的でInstagramを活用する場合

Instagramを活用して、**自社の世界観やブランド価値を伝えたい場合は、ハッシュタグを少なめに付ける**とよいです(目安5個以下)。

ハッシュタグが少なくなると、伝えたい内容や強調したい事柄が明瞭になります。ただ、投稿のリーチは少なくなるというデメリットもあります。親近感を持ってもらいたいブランドの場合は、一般のユーザーのように文章のハッシュタグ化をしてしまってもよいでしょう。

■ 付けるハッシュタグの組み合わせ例
自社ブランド名×1、自社商品名×1、自社のキャッチコピー×1、投稿のテーマ×1

2. 新しいユーザーと繋がりたい場合

新しい顧客と繋がりたい場合は、繋がりたいユーザーとの接点になりそうなハッシュタグをなるべくたくさん付けてみましょう。ただ、伝えたい内容が不明瞭になるため、最も伝えたい内容はハッシュタグではなくキャプションとして記入しましょう。

■ 付けるハッシュタグの組み合わせ例
自社ブランド×1、被写体×1、コミュニティ×3、投稿のテーマ×2、感情×2

ハッシュタグが少ないと、伝えたい内容が明確になります。

ハッシュタグが多いと、何を伝えたいのか不明確になることも。

2 人気投稿を狙えるハッシュタグを探す

　ハッシュタグ検索の結果には「人気投稿」として9つの写真が上位に表示されます。**人気投稿に掲載されると、最初にユーザーの目に触れることができる**ため、人気投稿を狙っていくこともテクニックのひとつです。

　人気投稿に表示されるための明確なルールは明らかにされていませんが、「いいね！」やコメントが多い投稿が表示されるようです。

　ただし、人気のハッシュタグの場合、人気投稿に載ることが難しいため、自社のアカウントでも人気投稿に載ることができそうなハッシュタグを探してみましょう。

　人気投稿に載っている投稿には「いいね！」がどれくらい付いているでしょうか。数千の「いいね！」が付かないと人気投稿に載らないようなハッシュタグもあれば、数十でも人気投稿に載れるハッシュタグもあるでしょう。

　これまでの投稿で自社アカウントに付いている「いいね！」の数に応じて、人気投稿を狙えるハッシュタグを選定してみてください。フォロワーが増えてきたら、徐々に投稿数の多いハッシュタグにもチャレンジしてみましょう。

06 商品のクチコミを増やすにはどうすればいいの?

自社についての投稿が広まれば、商品やサービスの認知度も上がります。ここでは、クチコミを増やすために気をつけたいことを説明します。

1 自社についてのハッシュタグは統一する

　自社の製品やサービスを購入してくれた顧客に、積極的にInstagramで発信してもらいましょう。

　商品を購入してくれた人は絶好の体験発信者です。彼らに投稿をしてもらい、自社の商品やサービスの体験をInstagramで広めてもらえるように工夫をしましょう。

　友人やフォローしている人の体験は親近感を持って受け入れられますし、実際に体験した人のクチコミは信頼感を持って受け入れられるでしょう。

　まずはクチコミの集積場所ともなる自社のハッシュタグについて考えてみましょう。Instagramで自社の商品名やブランド名をハッシュタグ検索してみてください。どのような写真が投稿されていますか。

　自社ブランドが一般名詞の場合や、他のブランド名と被っている場合は、まったく関係のない写真が投稿されていることでしょう。そのような場合は、**自社オリジナルのハッシュタグを設定**しましょう。

　また、自社に関するハッシュタグが複数存在してしまっているこ

> ■ #Greensnap? #GS? #グリーンスナップ?→#GreenSnapで統一!
> 植物の写真を撮影、共有できるスマートフォンアプリ「GreenSnap」を例にハッシュタグの設定を考えてみます。略称の「GS」やカタカナの「グリーンスナップ」などさまざまな表記が考えられますが、サービス名の「GreenSnap」で統一すると、ユーザーが迷わず投稿や検索ができます。

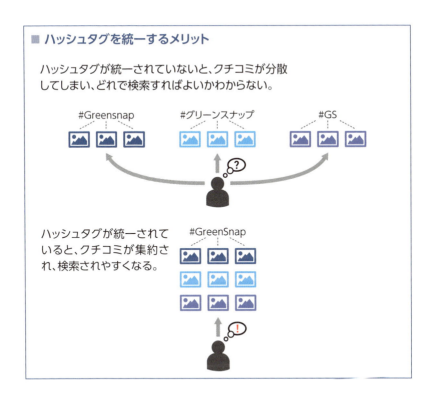

ともあるかもしれません。その場合は、せっかくのクチコミがいろいろな場所に分散してしまうので、統一することが重要です。

2 さまざまな手段で購入者に投稿してもらう工夫をする

　そもそも、**Instagramに投稿したくなるような商品・包装になっているかも考えましょう**。店舗で自由に撮影できるスペースを作るのもよいかもしれません。

　たとえば、ECサイトの場合は商品を送る際にハッシュタグを紹介するチラシを同封して、購入者に投稿してもらうようにしましょう。

　飲食店の場合はメニュー表などで告知をしましょう。

　一気にクチコミを増やしたい場合は、ハッシュタグキャンペーンが有効です。詳しくはP.64で解説します。

07 ハッシュタグキャンペーンって何?

ハッシュタグを利用してユーザーから投稿を集めるハッシュタグキャンペーンを実施してみましょう。規定もありますので、実施前に確認しましょう。

1 ハッシュタグキャンペーンとは?

　一般のユーザーに自社についてたくさん投稿してもらうためには、**ハッシュタグキャンペーン**と呼ばれる手法が有効です。ハッシュタグキャンペーンとは、**企業が指定したハッシュタグを付けてユーザーに投稿してもらうプロモーション企画**のことです。

　クリスマスやハロウィンのようなイベント時期に合わせたり、新商品発売時など、盛り上がりを作りたいときに実施するとよいでしょう。

　投稿してくれたユーザーの中から当選者を選び、商品や割引券をプレゼントする形式が一般的ですが、プレゼントを設定せずに投稿を増やすキャンペーンもあります。

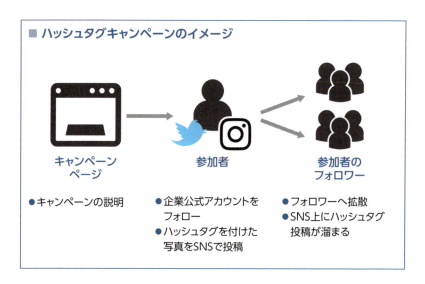

■ ハッシュタグキャンペーンのイメージ

ハッシュタグキャンペーンを実施するメリットは大きく３つあります。

1. 短期間で自社に関する投稿を増やせる

コツコツと自社に関する投稿を増やすのに比べて、キャンペーン仕立てにすると、短期間で投稿を集められます。投稿は参加者のフォロワーに届くため、**商品の認知や興味を獲得**できますし、キャンペーンのハッシュタグが**商品やブランドに関する体験が集まる場所として機能**します。

2. ユーザーとの間に強い結び付きを作れる

写真を投稿するときには、「ブランドのイメージに合うフィルターはどれか」と考えたり、投稿する文章やハッシュタグを考える必要があります。ブランドにとっては、この時間こそがユーザーとの接触時間となります。**ブランドの写真を通じて自分自身を表現してもらうことが、結果的にブランドとの間の心理的な結び付きやブランドへの好意度を高める**のです。

3. フォロワーが増える

ハッシュタグキャンペーンでは通常、投稿時にアカウントをフォローしてもらうことを条件とします。FacebookやTwitterのようにフォロワーを集めるための広告フォーマットがないInstagramでは、フォロワーを短期間で増やす施策として有効です。Instagramにブランドの写真を投稿してくれるような**熱量が高いユーザーにフォローしてもらえる**点も、メリットのひとつでしょう。

2 ハッシュタグキャンペーン運営の方法

ハッシュタグキャンペーンを実施するにあたって、運営の方法を知っておきましょう。

基本的な注意事項

1. どのハッシュタグで投稿すればよいのか明記する

キャンペーンに参加するユーザーがどのハッシュタグで投稿すればよいのか迷わないように、明記しましょう。

2. 募集要項を記載する

キャンペーンはいつまで受け付けているのか、当選発表はいつなのか、どんな写真を投稿すればよいのか、など基本的な情報を記載するようにしましょう。

3. Instagram社の宣伝ガイドラインを遵守する

Instagramを活用したプロモーションは、公式のガイドラインの範囲内で実施するようにしましょう。以下に公式ガイドラインにある要点をまとめていますので、ひとつずつ確認してください。

❶合法的実施に責任を負う

当たり前のことではありますが、Instagramでプロモーションをする際は、法律の範囲内で実施しましょう。キャンペーンをはじめて実施する方にとっては、思わぬ落とし穴となるものもあるため、以下に代表的なものを記載しました。

- 酒類・タバコのプロモーションでは参加条件が20歳以上であることを明記する
- 景品表示法を遵守する
  消費者庁景品表示法サイト
  http://www.caa.go.jp/policies/policy/representation/fair_labeling/

- 他社製品をプレゼントとして利用する場合は事前に許可を取得する

❷コンテンツ（写真・動画）への不正確なタグ付けをしない

アカウントから投稿するときに、写真に写っていないユーザーをタグ付けしてはいけません。タグ付けをするとユーザーに通知されるため、実際には写っていないユーザーをタグ付けし、告知をしようとする悪質なスパムアカウントも中にはあります。このような行為は、結果的にブランドにとってもマイナスのイメージをもたらします。

❸Instagram社は関係しない

Instagramがキャンペーンの応募者・参加者に関与することはありませんし、プロモーション自体にもInstagram社が関係していないという認識を持ちましょう。

Instagramでプロモーションを行う際は、あくまで自己責任で運営するよう留意しましょう。

※詳しくはhttps://www.facebook.com/help/instagram/393313264071311/をご覧ください。

08 キャンペーンではどんな写真を募集すればいいの?

ハッシュタグキャンペーンでは、募集する写真のテーマを考えなければなりません。投稿を見たユーザーに感じてもらいたいことを意識しましょう。

1 コミュニケーションタイプを設定する

まずは、ユーザーとどのようなコミュニケーションを取るか考えることからはじめましょう。以下の3つのコミュニケーションタイプの中から、目的に合ったものを選んでみてください。

1. レビュー

商品やサービスを使用した感想と写真を一緒に投稿してもらう形式です。商品を使った感想がダイレクトに投稿されるため、**商品やサービスのクチコミがストレートに投稿者のフォロワーに伝わる**ことがポイントです。さらに、投稿はキャンペーンのハッシュタグに蓄積されるため、商品に興味のあるユーザーがハッシュタグを検索したときの情報源にもなります。すでに商品を所有しているユーザーに参加してもらう必要があるので、投稿の数より内容や質が重視される、量より質のキャンペーンといえるでしょう。

2. 商品・ブランドの疑似体験

写真や動画を投稿する過程で商品やブランドを疑似体験してもらいます。ブランド体験の場としてイベントを開催するように、Instagramに写真を投稿することでブランドについて体験してもらいましょう。商品を利用したとき、**どのようなメリットがあるのかどのような感情になれるのかを疑似体験**してもらいましょう。

また、イベントとの相性もよいため、イベントで体験してもらったブランドの世界観をInstagramで投稿してもらってもよいでしょう。

3. ムーブメント・アクション

　ブランドのメッセージや、ブランドが起こしたいムーブメントを
ユーザーに実際に体験してもらう方法です。ブランドメッセージを
「自分ごと化」してもらえるため、**参加者とブランドとの間に強い
結び付きを作ることに向いています**。たとえば、既存の価値観に挑
戦するようなブランドの場合は、「何かに挑戦しているシーンを投稿
してもらう」などが考えられるでしょう。

　テーマによっては多くのユーザーが参加できるので、フォロワー
を増やす施策としても有効です。

　レッドブルの「#putacanonit（缶を重ねてみよう）キャンペー
ン」では、レッドブルの缶をさまざまな背景に重ねた写真が投稿さ
れています。これは「活動的」「創造的」といったレッドブルのブラ
ンドイメージが写真で伝わるようなテーマになっています。

2 テーマ設定時に考えるポイント

　テーマは、ブランドがやりたいことを押し付けるのではなく、
ユーザーに「投稿したい」と思ってもらうことを第一に考えましょう。

1. Instagramの世界観に合わせる

　募集する写真は、Instagramらしい写真が集まりそうなテーマに
します。キーワードは「おしゃれ」と「自分らしさ」です。詳しく
はP.50を参考にしてみてください。

2. ユーザーが自分らしさを発揮できる「遊び」を持たせる

　参加テーマを固定しすぎると、多くの参加者が同じような写真を
投稿してしまう可能性があります。**ユーザーが自分らしさを表現で
きる「遊び」を設けてあげましょう**。たとえば、食品の場合は盛り
付けを工夫してもらったり、ひと手間加えたアイデアレシピを募集
したりすることで、一気に写真の多様性が広がります。

キャンペーン専用のハッシュタグを作るには?

投稿に付けてもらうハッシュタグは、覚えやすくユーザー自身に「付けたい」と思ってもらうことが重要。ハッシュタグ設定のポイントを考えます。

1 キャンペーン用ハッシュタグ3つのパターン

　ハッシュタグは①被写体や状況の説明、②感情や気分、③テーマ、④コミュニティ、⑤主張やキャッチフレーズの合計5つがあると説明しました。その中で**キャンペーン用ハッシュタグでは主にテーマ、感情、主張の3つが活用されています**。ユーザーに伝えたい内容によって、ハッシュタグを選んでいきましょう。

1. 募集するテーマをハッシュタグにする

　募集テーマをそのままハッシュタグにするパターンです。投稿するユーザー、投稿を見るユーザー双方にとって、**その投稿が何についての投稿なのかがわかりやすくなります**。

2. 感情をハッシュタグにする

　商品やブランドを利用するときに感じてほしい感情をハッシュタグにするパターンです。**機能的な価値ではなく、情緒的な価値を伝えたいブランドやストーリー性のある商品におすすめ**です。

3. 主張やキャッチフレーズ

　P.69で紹介したレッドブルのように先進的、挑戦的なイメージを持つブランドなどは、そのブランドを利用すること自体が、自己表現の手段になるものがあります。そのような場合は、**ブランドの主張をそのままハッシュタグにしてしまう**のもよいでしょう。

2 ハッシュタグ設計時に注意したい4つのポイント

1.ブランド名を入れるかどうか

　ブランド名を入れた方がよい場合と入れない方がよい場合があります。**ブランドの知名度が低い段階では、ブランド名を入れる方がよい**でしょう。一定の知名度があり、新しくキャッチフレーズを浸透させたい、広告色を排したい場合などは、よりシンプルにするためにブランド名を外してもよいでしょう。

2. 1件も投稿されていないこと

　自社のキャンペーン以外の投稿が混ざってしまうことを避けましょう。キャンペーンのハッシュタグは過去1件も投稿されていない、完全にオリジナルのものが望ましいです。ハッシュタグの設定は早い者勝ちのため、運用を開始する前に必ず検索してすでに使われていないか確認しましょう。

3. 覚えやすく入力しやすい言葉にする

　わかりやすい言葉は入力ミスを防ぐだけでなく、見ている側にもハッシュタグを覚えてもらいやすくなります。ブランドイメージを意識して英語を使う場合も、なるべくわかりやすく、間違えにくいものにしてください。

4. Instagramの世界観に属した言葉にする

　Instagramの世界観に合わせて、ユーザーに「投稿したい」と思ってもらうことが重要です。写真のテーマに合っているかも考えましょう。「セール」など価格に関する言葉や機能的価値を打ち出した言葉は、Instagramの世界観と合いません。**企業が伝えたい言葉より、ユーザー自身に「付けたい」と思ってもらえる言葉を選ぶ**ことが重要です。

■ ハッシュタグのパターンとポイント

ハッシュタグの パターン
❶ 募集テーマ ……………… #○○フォトコンテスト
❷ 感情 ……………………… #happy　#うれしい
❸ 主張・キャッチフレーズ … #putacanonit

ハッシュタグの ポイント
❶ ブランド名を入れるか決める
❷ 1件も投稿されていないか確認する
❸ 覚えやすく、入力しやすいハッシュタグにする
❹ Instagramの世界観を重視する

　ここからは例に沿って考えてみましょう。恵比寿プリンという架空のプリンのキャンペーンです。自社の商品に置き換えて考えてみてください。

〈レビューキャンペーンの場合〉

　プリンを写真に撮って投稿するキャンペーンを実施しましょう。ブランドイメージである「ごちそう」「ごほうび」といったキーワードを盛り込みます。
- 募集のテーマ→ #恵比寿プリンフォトコンテスト
- 感情→ #ごちそう恵比寿プリン
- 主張やキャッチフレーズ → #恵比寿プリンでごほうびタイム

〈ブランド体験をさせる場合〉

　家族でプリンを食べてもらえるよう、恵比寿プリンが家族の時間の架け橋となることを伝えるキャンペーンを想定します。ここでは、あえてプリンの写真は必須にせず、家族で写った写真を募集します。もっともよい写真を投稿した10家族に1週間分のプリンをプレゼントするという企画も考えられます。

- 募集のテーマ→ #パッピー家族コンテスト #恵比寿プリン
- 感情→ #家族と幸せプリン時間
- 主張やキャッチフレーズ→ #恵比寿プリンが家族をつなぐ

〈ムーブメント・アクションの場合〉

　プリンは家の中で食べるものというイメージがありますが、この
キャンペーンを通じてプリンを外で食べる「外プリン」という新し
いムーブメントを作りたいとします。

- 募集のテーマ→ #外プリン
- 感情→ #わくわく外プリン
- 主張やキャッチフレーズ→ #外プリンをはじめよう

Column ▶▶▶ **プロダクトにハッシュタグを統合する**

最近では、商品そのものにハッシュタグが付いている例も増えてきました。た
とえば、海外で販売されているキットカットには「#mybreak」というハッシュ
タグが刻印されています。必ず目にする商品自体にハッシュタグが付いていれ
ば、わざわざ「SNSに投稿しよう！」や「プレゼントがあたる」と書かれていな
くても自然にSNSに投稿したくなる心理になるでしょう。

10 キャンペーンを成功に導くポイントは?

キャンペーン成功には、ユーザーが投稿をしやすくするための工夫が必要です。企画、告知、運営の3段階に分けてポイントを知りましょう。

1 企画のポイント

1. 凡例をつけて投稿の心理的ハードルを下げる

キャンペーンページ上に投稿の例として凡例をつけてみましょう。どのような投稿をすればよいのかがわかりやすくなり、**投稿する心理的ハードルが低くなります**。さらに、お手本があることで主催者側が求める意図が伝わりやすく、投稿の質を上げることにもなるので、おすすめです。

2. サンプル配布やモニター体験を用意する

閑散としているキャンペーンよりも、盛り上がっているキャンペーンの方がユーザー心理として参加してみたくなります。そこで、キャンペーンの初期には、**ユーザーに無料でサンプルや商品を体験してもらい、投稿してもらうことも有効です**。

3. 開催期間は1ヶ月程度にする

ハッシュタグキャンペーンでは、キャンペーンを認知したときにその場で参加することはできず、写真撮影・投稿までタイムラグが生まれることがあります。

たとえば、月曜日にキャンペーンを知って、土日に写真を撮影して応募するといった具合です。開催期間が極端に短いと、いざ写真を撮って応募しようと思ったときにキャンペーンが終わってしまっているかもしれません。

さらに、投稿期間が長すぎても間延びしてしまい、盛り上がりが

作りにくくなります。そのため1ヶ月から長くても3ヶ月程度の実施がよいでしょう。

4. 関連ハッシュタグを付けてもらう

　キャンペーンハッシュタグ以外にも、関連したハッシュタグを付けて投稿してもらうようにしましょう。そうすることで、キャンペーンの投稿に広がりが見込めます。たとえば、付けた関連ハッシュタグによって、当選するプレゼントコースを分けるなどのアイデアもよいでしょう。

5. プレゼントはなるべく自社商品にする

　当選者へのプレゼントはなるべく自社の商品や割引券などを設定しましょう。自社製品を無料でプレゼントできない場合は、なるべく自社の顧客が興味を持ちそうなものにしてください。そうすることで、**興味のある人だけがキャンペーンに集まり、一種のフィルタリング効果が期待できます**。自社製品とはまったく関係のない豪華商品をプレゼントにすると、一見魅力的になりますが、プレゼント目当てのユーザーが集まることにもなってしまいます。特にInstagramの場合は写真の投稿が必須なので、プレゼントをフックにするよりも、企画を練って「参加したい」と思ってもらえることが大切です。

■ キャンペーンページの例

2 告知のポイント

ハッシュタグキャンペーンは**ハッシュタグをできる限り広めることが重要**です。ポイントは2点です。

1. ありとあらゆるところで告知をする

InstagramのキャンペーンだからといってInstagramだけで考えず、さまざまなところでの告知が大切です。**Facebook、Twitter、メルマガ**など、定期的に自社の情報を知りたいと思っているユーザーに告知をすることはもちろん、**自社サイト**でも告知しましょう。**店頭ではポスターやポップを使って告知**してみましょう。

レビューキャンペーンの場合は、商品購入者に参加してもらえるよう、同梱チラシやパッケージステッカーなどでの告知も有効です。

2. ハッシュタグがひと目で分かるようにする

ハッシュタグキャンペーンは、ハッシュタグさえ知っていれば参加できる手軽さがあります。そこで告知の際は「ハッシュタグキャンペーン実施中」のように**実施自体を告知するものではなく、「#私のお部屋 投稿コンテスト実施中」のようにハッシュタグがひと目でわかる**ようにしましょう。

3 運営のポイント

1. アカウントは公開にしてもらう

公開アカウントになっていないと、投稿を主催者が見られません。キャンペーンに参加してもらうユーザーにはアカウントを公開してもらうようにしましょう。

2. 当選人数は少なめにする

当選発表は1対1でメッセージのやりとりができるDM（ダイレ

クトメッセージ）で行います。当選人数を多く設定するとコミュニケーションの量が多くなり、担当者の負担が大きくなります。まずは**10名程度**にするのがよいでしょう。

　また、プレゼントを配送する場合は、ユーザーから住所などの個人情報を教えてもらう必要があります。個人情報のやりとりには十分気をつけてください。事前に自社の個人情報取扱規定を確認しておきましょう。

Column ▶▶▶ DM（ダイレクトメッセージ）を送る

キャンペーン当選者へのDM（ダイレクトメッセージ）は次のように送ります。

DMを送りたいユーザーのプロフィールを表示して、右上の「…」をタップします。

「メッセージを送信」をタップします。

メッセージの入力画面が表示されます。ダイレクトメッセージは公開アカウントにのみ、送信可能です。

イベントの様子を Instagramで拡散するには?

ユーザーと直接交流できるイベントでもInstagramを活用しましょう。参加者が投稿したくなるイベントには、7つのポイントがあります。

1 イベントの様子を拡散する7つの方法

　イベントは商品やブランドを実際に体験してもらう場として機能します。Instagramで投稿してもらうことを目的にせず、イベントを楽しんでもらうことを大切にしましょう。

1. 公式ハッシュタグの周知を徹底する
　イベントでもハッシュタグの周知は欠かせません。イベント専用のハッシュタグを見るだけで、このイベントは「Instagramに投稿するものなのだ」という認識をしてもらえます。

2. 入り口で写真撮影を意識させる
　イベントの入場口に写真撮影コーナーや、カメラマンを用意しましょう。参加者は「このイベントはどんな風に楽しめるんだろう」と期待感を持っています。そこで、写真撮影もイベントの楽しみ方のひとつであることを提案するのです。はじめに写真の撮影とSNSへの投稿を体験してもらうことで、参加者に「このイベントはたくさん写真を撮っていいんだな」と意識してもらう効果があります。

3. 写真を撮りたくなるアイテムを用意する
　イベントでは、思わず写真を撮りたくなるようなアイテムを用意しましょう。最近は「**フォトプロップス**」と呼ばれる写真撮影用の小道具を用意するケースも増えてきています。このフォトプロップスにハッシュタグを記載すると、ユーザーがどのハッシュタグを付

けて投稿すればよいか明確になります。

4. 写真を撮りたくなる場所を用意する

　写真を撮りたくなるような場所を用意しましょう。なるべく他の来場者が写らず、背景がすっきりしていて、おしゃれに写真撮影できる場所が理想的です。

5. 時間限定アトラクションで限定感を出す

　時間限定のアトラクションは「特別感」を演出する方法のひとつです。Instagramへシェアしたくなるよう、非日常感を高めましょう。

6. 会場のスタッフが写真撮影をサポートする

　会場のスタッフは、参加者に積極的に声を掛けて写真撮影のお手伝いをしましょう。最近は「自撮り」をするユーザーも多いですが、自撮りに慣れている参加者ばかりではないので、撮影される写真の量を増やすことができます。さらに、こういったサポートはイベントそのものの満足度を高めることにも繋がるので、ぜひ実践してみてください。

7. 投稿しやすい環境・タイミングを作る

　休憩スペースやゆっくり投稿できる時間を用意し、慌しいイベントの中に心理的な余裕を作ってあげましょう。イベントへの熱量が高いうちにInstagramに投稿してもらうことも大切なポイントです。

Word ▶▶▶【フォトプロップス】

プロップスとは「小道具」のこと。木や紙でできたスティックに文字が入った吹き出し、ヒゲ、メガネなどのモチーフをつけた写真撮影の小道具です。

12 ユーザーが投稿した写真を自社サイトで活用するには？

自社サイトにユーザーが投稿した写真を掲載しましょう。商品やキャンペーンの盛り上がりを表現できます。

1 ユーザーが投稿した写真をサイトに活用する方法

ユーザーが投稿した写真はWebサイトに表示できます。サイトに表示すると、Instagramを活用していないユーザーにも見てもらうことができます。活用するには3つの方法があります。

1. Instagram公式の埋め込み機能を活用する

Instagramには、投稿されている写真をWebサイトに表示するためのコードを生成する「埋め込み」機能が付いています。この機能を活用すれば、公開アカウントの投稿に限り、他のユーザーであっても自由に掲載することができます。

埋め込みコード生成時に「キャプションを追加」というチェックボックスがあります。このチェックボックスを利用すると、サイトに埋め込んだときの見え方が変わります。**写真をメインで見せたい場合は「キャプションを追加」をせず、文章やハッシュタグを含めてユーザーの投稿全体を見せたい場合はキャプションを追加する**ようにしましょう。

埋め込みたい写真を表示します。「…」❶をクリックし、「埋め込み」❷をクリックします。

「埋め込みコードをコピー」❸をクリックすると、写真のコードをコピーできます。自社サイトやブログにペーストして使いましょう。

2. ハッシュタグキュレーションツールを活用する

　ハッシュタグキュレーションとは、**ある特定のハッシュタグの付いた投稿を自動的に収集し、サイトに表示させる**ことです。

　ハッシュタグキュレーションをするためにはInstagram社から許可を得た有料ツールを活用する必要があります。安いものですと、初期費用30万円、月額5万円程度で実施できるものがあります。ハッシュタグキュレーションツールは自動で投稿を収集してくれるため、運営が非常に楽になるメリットがあります。さらに、**管理画面でサイト上に表示させるものとさせないものを選別することができる**ので、ブランドにそぐわない写真がサイト上に出てしまうリスクもありません。また、管理画面上で投稿を管理できることにより、日別のハッシュタグ投稿の推移などを把握することもできます。

ハッシュタグキュレーションツールの事例

3. ユーザーに直接許可をもらう

　投稿のコメント欄やダイレクトメッセージで、ユーザーに直接利用の許可をもらう方法です。許可の取り方次第では、**Webだけでなく印刷物などにも活用することができるため、手間はかかりますが活用の自由度は広がります**。決して無断で利用することのないように注意してください。

Word　▶▶▶【キュレーション】

複数のWebメディアのリンクをまとめる「まとめサイト」を「キュレーションメディア」と呼ぶなど、情報を収集し、まとめることをキュレーションと呼ぶようになってきています。

Column
時間を指定して投稿する

　Instagramの投稿は、基本的にアプリからリアルタイムでしかできません。通勤時間やお昼休み、リラックスしている時間と重なる８時前後、12時台、19時前後、21〜24時ごろがユーザーの利用が多い時間帯といわれています。Instagramは投稿時間によって「いいね！」やコメントの数が大きく変わるので、時間の制限がある企業担当者にとっては悩ましいところです。そこで、ユーザーにとって最適な時間に投稿を行うための便利なツールを紹介します。

■ Later
時間を指定して投稿内容を設定しておくと、スマートフォンに設定した時間に通知されます。通知をタップして投稿する必要があるので、自動投稿ではありません。

`iOS` https://itunes.apple.com/jp/app/later-previously-latergramme/id784907999
`Android` https://play.google.com/store/apps/details?id=me.latergram.latergramme&hl=ja
`PC` https://later.com/

■ Gramblr
PC（Mac、Windowsに対応）で写真や動画を加工して、Instagramに投稿できます。予約投稿もできますが、指定時間にPCが起動している必要があります。

`PC` http://gramblr.com/uploader/#home

　Instagramの仕様上、完全に自動で予約投稿できるツールはありません。それでもLaterやGramblrを使うと投稿を効率化できるので、利用してみてはいかがでしょうか。

第 **4** 章

ユーザーと交流してアカウントを活性化させる

フォロワーを増やすには、ユーザーとの交流が不可欠です。
積極的に「いいね！」やコメントをする「アクティブコミュニ
ケーション」という手法や、最適な投稿頻度を知りましょう。
また、インフルエンサーと呼ばれる影響力のあるユーザーとの
協力関係も築きましょう。

01 フォロワーを増やすためにはどうすればいいの?

アカウントのフォロワーを増やすには、投稿やアカウント運用を工夫し、アカウントをユーザーに知ってもらう必要があります。

1 2つの軸で考える

　Instagramのユーザーは**自分が知らない世界を教えてくれたり、一目見ただけで惹かれるような写真を投稿しているアカウントをフォローしたくなる**ものです。ですからまずは、自社のアカウントを魅力的なアカウントにすることが、フォロワーを増やすために必要です。

　しかし、どんなに魅力的なアカウントでも、ユーザーに知ってもらわないことにはフォロワーを増やせません。

　そこで、ここからは魅力的なアカウントを作るために押さえておきたいポイントと、アカウントを知ってもらうための手段を解説します。

1. アカウントに人間味が感じられる

　広告のような写真ばかりを投稿しているアカウントは、フォローしたいと思ってもらえません。プロの写真家が撮るような、きれいな写真にこだわりすぎず、**企業もひとりのユーザーとして自社らしい写真を投稿しましょう**。写真を見ただけでどんなブランドなのかわかるアカウントには、自然とフォロワーが集まってきます。

2. 定期的に投稿している

　更新が止まっているアカウントよりも、定期的に投稿しているアカウントの方がフォローしたくなります。**投稿は週に2、3回**はするようにしてください。投稿頻度については、P.88で詳しく解説しています。

3. ユーザーと対等な立場でコミュニケーションを取っている

Instagramではコミュニティの中に入っていく姿勢が重要です。フォロワーからコメントがきたら返信をしたり、こちらからユーザーとコミュニケーションを取ったりしましょう。詳しくはP.90、P.92で解説しています。

2 アカウントを知ってもらうための8つの手段

1. 自社に関連した投稿をしているユーザーに「いいね！」やコメント、フォローをする

自社についての投稿や自社が関連する投稿を、ハッシュタグで検索してみましょう。関連する投稿を見つけたら、積極的に「いいね！」をしたり、コメントをしたりしてみてください。さらにフォローをしてもよいでしょう。フォローを返してもらえるかもしれません。

この手法は、**アクティブコミュニケーション**といいます。アクティブコミュニケーションについてはP.92で詳しく解説しています。

2. ハッシュタグを付けて投稿する

自社に興味を持ってもらえそうなユーザーに投稿を届けるためには、ハッシュタグを付けた投稿が有効です。自社に関するハッシュタグや、関連キーワードをいくつか付けて投稿してみましょう。ハッシュタグについては第3章で解説しています。

3. Facebook、Twitterやメルマガで告知をする

すでにFacebookやTwitterでのフォロワーや、メルマガ会員がいる場合は、これらのメディアで告知してみてください。ここにいるユーザーは、すでに定期的に自社の情報を知りたいと思っているユーザーなので、Instagramでも積極的にフォローしてくれるでしょう。

4. 自社サイトやECサイトで告知をする

　自社サイトやECサイトにバナーやリンクなどを掲載してみましょう。能動的にサイトに来てくれているユーザーは、自社に興味のあるユーザーです。Instagramをフォローしてもらい、継続的に自社の魅力を伝えていけるようにしましょう。

5. 店頭やポスター、チラシで告知をする

　店頭のポップやポスターなどを活用し、Web以外でも告知をしましょう。店舗によく足を運んでくれる常連さんは、Instagramでも積極的に「いいね！」やコメントをしてくれることでしょう。

6. 商品パッケージや同梱チラシで告知をする

　商品のパッケージや商品に同梱するチラシ、レシートなどを活用し、商品を購入してくれた人に告知しましょう。商品を購入してくれたユーザーがフォローしてくれるだけでなく、商品の写真を撮影し、Instagramにアップしてくれるかもしれません。

7. ハッシュタグキャンペーンを実施する

　ハッシュタグキャンペーンでは、企業アカウントへのフォローを条件にすることができます。季節のイベントや新商品の発売などに合わせてキャンペーンを展開してみましょう。ハッシュタグキャンペーンについては第3章で詳しく解説しています。

8. Instagram広告を出稿する

　Instagram広告はアカウントを認知させるためにも有効な手段です。**Instagram広告は小額から出稿できる上、詳細なターゲティングができます。**出稿方法はさほど難しくありませんので、Instagram広告の特徴を理解して出稿すれば、アカウント運用だけでは得られない効果が期待できます。Instagram広告については第5章で詳しく解説しています。

3 3つのグループに分けて考える

　フォロワーにするべきユーザーは、次の３つに分けて考えてみるとよいでしょう。

1. 自社のことを知らないユーザー

　最近はInstagramで知った商品を実際に購入するユーザーも増えてきています。Instagramは企業が、まだ自社のことを知らないユーザーとの初めての接点を作れる可能性が高いといえます。

2. 自社のことは知っているが、購入したことのないユーザー

　購入経験がないユーザーとの間にも、信頼関係を築いてブランドに対する愛着を高めてもらいましょう。すでにFacebookやTwitterなどのSNSを運用している場合は、このようなユーザーをたくさん抱えていることでしょう。しかし、**Instagramではビジュアルでさまざまな角度から商品やブランドの価値を伝えられます**。視覚情報だからこそ、「欲しい！」「体験したい！」という気持ちを直感的に引き出すことができるのです。

3. すでに自社製品やサービスを購入しているユーザー

　すでに購入経験があるユーザーには再購入を促進したり、製品に対する愛着を高めてもらえます。実際に製品やサービスを体験している購入者からInstagramに投稿してもらえれば、説得力の強いコンテンツとなるはずです。

Word ▶▶▶ 【ECサイト】

サービスや商品の販売サイト。楽天市場、Amazonマーケットプレイス、Yahoo!ショッピングなどに出店するモール型と、自社でサイトを構築する自社サイト型がある。

最適な投稿頻度や投稿時間は?

投稿頻度や投稿時間は、アカウントやフォロワーによって異なります。自社にとって最も効果の出る頻度、時間を知りましょう。

1 投稿を届けることが難しくなっている

　SNS全般にいえることですが、利用するユーザーが増えれば増えるほど、ユーザーに投稿を届けることが難しくなっていきます。まずは、この状況を理解しましょう。

　Instagramはまだまだ成長中のSNSです。ユーザーにとって、友人や好きな有名人、企業など魅力的なアカウントがこれからも増えてくるでしょう。**フォローするアカウントが増えると、フィードに流れる投稿量が多くなり、すべての投稿を見ることが難しくなります**。これは発信側にとっては、自社の投稿を届けることが難しくなることを意味します。

　Instagramはスマートフォンの画面に写真が大きく表示されます。ひとつの投稿が表示されると、スマートフォンの画面が埋まってしまいます。実際に試してみるとわかりますが、**直近の20投稿をしっかり見ると、時間が掛かってしまう**のではないでしょうか。

　この現象を解決するために、InstagramでもFacebookと同様に、ユーザーにとって関連性の高い投稿が上位に表示される仕組み（アルゴリズム）が導入されています。新しい投稿から時系列で上位に表示されるのではなく、**人気の投稿やよく交流しているアカウントが上位に表示される**ようになっているのです。

2 投稿頻度や時間は自社にとって最適なものを

　理想的な投稿頻度は1日1回。最低でも週3回の投稿はできるよ

うにします。Instagramの投稿はすべてのフォロワーに見られるわけではないため、**投稿の数が多ければ多いほど、フォロワーに届く可能性は高まります**。しかし、量ばかり追い求めて質の低い投稿を繰り返すと、せっかく一度フォローしてくれたユーザーからフォローを外されてしまうきっかけにもなるので、注意が必要です。投稿するネタに困る場合は、撮りためておいた写真を小出しに投稿することもひとつの手です。

　投稿時間は、朝、お昼時、就業後、寝る前がよいでしょう。一般に、朝起きた後や通勤時間、昼休み、夜に寝る前などの時間帯にInstagramが見られているといわれています。ただ、このような時間帯は他のユーザーもInstagramに投稿をするタイミングでもあります。**あえてこれらの時間をずらして、ちょっと前に投稿するというのもテクニックのひとつ**です。

　また、フォロワーになっているユーザーが昼間働いているのか、主婦なのか、学生なのかによってもInstagramが使われている時間は異なります。自社のフォロワーがどんなライフスタイルを送っている人たちなのか想定して、自社にとって最適な投稿時間を探してみましょう。

Column ▶▶▶ ビジネスプロフィールは詳細な情報を見られる

アカウントをビジネスプロフィールに切り替える（P.122）と、インサイトを利用してフォロワーがInstagramを利用している正確な時間帯を見ることができます。

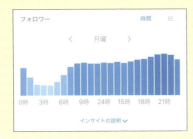

03 フォロワーから コメントがきたら?

コメントをしてくれたユーザーは自社にとって大事なファン。コメントには積極的に返信をして、ブランドに対する愛着を高めてください。

1 好意的なコメントには積極的に返信を

アカウントを運用していると、投稿にコメントが付くこともあります。写真への「いいね!」の延長としてコメントをしてくれるユーザーだけでなく、中には商品についての質問やクレームのコメントが付くケースもあるかもしれません。ここでは、コメントの種類に応じて対応方法を説明していきます。

好意的なコメントは、「いいね!」の延長としてコメントをしてくれるケースがほとんどです。他愛のないコメントでも、**積極的に返信をしてコミュニケーションを取り、ブランドに対する愛着を高めて**もらいましょう。

■ 好意的なコメントへの返信の例

2 対応が難しいコメント

商品やサービスや店舗の開店時間についての質問がInstagramのコメント欄にくることもあるかもしれません。**答えられる範囲のことであれば、返信してあげた方が親切**です。同様の質問が少なくな

る利点もあります。また、公開の場で回答することで説明に時間が掛かるような場合は「詳しくはホームページを見てくださいね」というようなコメントをして、適切な窓口の案内をしましょう。困っているファンをそのままにしないことが大切です。

3 ネガティブなコメント

　小さなクレームに対しては、誠意をこめた謝罪をすばやくすると、大きな問題になることを防げます。Instagram上の対応は、他のユーザーにも見られています。**誠実な対応が良い印象を残します。**

　それに対し、**大きな問題に発展しそうなものは、１対１の対応を心がけます。**内容によっては、コメント上で対応をすることで、マイナスのイメージを広げてしまうケースもあります。その場合は、ユーザーサポート用の電話やメール、Instagramのダイレクトメッセージを活用して１対１の対応をしましょう。ただし、誠意あるサポートを目的とし、隠蔽しているように見られない配慮が必要です。

Column ▶▶▶DMには返信した方がいいの?

中にはダイレクトメッセージで連絡がくるケースもあります。ダイレクトメッセージもコメントと同じ考え方で対応方法を分けて考えます。もともとダイレクトメッセージによる連絡を受け付けない場合は、その旨と連絡先をプロフィールに書いておきましょう。

ユーザーの投稿に「いいね!」やコメントはした方がいいの?

自社についての投稿をしてくれているユーザーとコミュニケーションを取ってみましょう。フォロワー増や好感度アップのきっかけになります。

1 積極的にコミュニケーションを取る姿勢が大切

　Instagramは**個人も企業も同じ目線でコミュニケーションを取れるツール**です。企業のアカウントも一方的に情報発信するだけでなく、気に入った写真には「いいね!」やコメントをしたり、ユーザーのことをフォローしたりしてみましょう。

　このように、**企業アカウントから積極的にコミュニケーションを取る手法をアクティブコミュニケーション**と呼びます。

　これは、Twitterでも一般的な手法として確立しています。Twitterは文章を中心としているので、商品への質問や使い方に迷っているユーザーに対してのサポートや、購入を迷っている人に対しての後押しといった使い方もされています。**Instagramの場合は、写真への「いいね!」の気持ちを表現するような、ライトなコミュニケーション**をするのがよいでしょう。

　アクティブコミュニケーションはむやみやたらに「いいね!」やコメントをするのではなく、なるべく**自社に興味を持ちそうなユーザーに対してコミュニケーションを取っていく**ことが望ましいです。自社についてのハッシュタグがついた投稿に「いいね!」やコメントをしていきましょう。

2 アクティブコミュニケーションのメリット

1. フォロワーを増やすことができる

　アクティブコミュニケーションは、Instagramユーザーに自社ア

カウントの存在を知らせる効果があります。アカウントが気に入ってもらえれば、フォローしてくれるユーザーもいるでしょう。

2. 投稿への「いいね！」やコメントを増やすことができる

　ユーザーの投稿に「いいね！」やコメントをしていくと、一定数のユーザーが自社の投稿に「いいね！」を返してくれたり、コメントをしてくれます。**「いいね！」が増えると、ハッシュタグの人気投稿に掲載され、投稿を多くの人に見てもらえるきっかけ**にもなります。

■ **アクティブコミュニケーションをしたことにより、自社の投稿にもコメントが来た例**

「いいね！」やコメントがきっかけで新しくフォローをしてもらったり、コミュニケーションを取ったりするきっかけが生まれます。

3. ブランドへの好感度を高めることができる

　Instagramにアップした自分を表現する写真や、自分が好きなものに「いいね！」をしてもらえることは誰にとってもうれしいことです。この**「他人から共感された」という感覚を与えられることは、Instagramマーケティングのメリット**でもあります。

　企業はその分野の「専門家」でもあるので、「いいね！」と思ったものには、積極的にコミュニケーションを取っていきましょう。

05 Instagramから自社サイトに誘導するには？

サイトへ誘導するリンクはプロフィールページにしか設定できません。そうした特性を理解し、自社サイトへの誘導方法を知りましょう。

1 URLはプロフィールページにしか貼ることができない

　Instagramでは投稿内にクリックできるリンク（クリッカブルリンク）を貼ることができません。**Instagramで唯一リンクを貼ることができるのは、プロフィールページだけ**です。Instagram経由で自社サイトに誘導したい場合は、プロフィールページのリンクをうまく活用していきましょう

■ プロフィールリンクの設定方法

プロフィールページを表示し、「プロフィールを編集」❶をタップします。

「ウェブサイト」❷にURLを入力したら、右上の「完了」❸をタップします。

Instagramアカウントから、自社サイトに誘導するには大きく分けて2通りの方法があります。

1. 投稿でプロフィールリンクの存在を知らせる

一度フォローしてもらうと、なかなかプロフィール画面は見られません。投稿文を活用してプロフィールリンクの存在を知らせましょう。

2. 検索してもらう

もうひとつはユーザーに検索してたどりついてもらう方法です。たとえば、「GreenSnapで検索！」と投稿に記載して、ユーザー自身に検索をしてもらいます。プロフィールに貼れるリンクはひとつだけです。そのため、複数のサイトへの誘導をしたいときに活用できます。

ただし、リンク先のサイトが**検索をした際に上位に表示されるか事前に確認しておきましょう。**せっかくユーザーが検索をしてくれても、検索ページの2ページ目以降に表示されているような場合だと、うまくサイトにたどり着いてもらえなくなってしまいます。訪問させたいサイトが上位表示される検索ワードを見つけましょう。

この方法を活用すると何人のユーザーがInstagramから自社サイトに訪れたのか正確な数値を把握することはできませんので、この点も注意してください。

「プロフィールリンクより○○をご覧ください」、「商品はプロフィールから」などのキャプションで誘導します。

06 インフルエンサーってどんな人?

近年、インフルエンサーと呼ばれる影響力を持ったユーザーが増えてきました。協力してもらえると、商品やサービスの認知度も高まります。

1 「信頼」「共感」「憧れ」を感じさせることができる人

　周囲に対して影響を及ぼす「**インフルエンサー**」というユーザーがいます。有名ブロガー、有名YouTuberがいるのと同様に、**Instagramでも多くのフォロワーを抱えるユーザー**がいますが、中でも他者への影響力が強いユーザーは「インフルエンサー」と位置付けられます。このインフルエンサーに自社に関する情報を発信してもらう手法を「**インフルエンサーマーケティング**」といいます。投稿やキャンペーンを通じて、直接的にターゲットにアプローチするのではなく、インフルエンサーの発信力を借りてターゲットにアプローチするのです。

　インフルエンサーを活用するメリットは「**信頼**」「**共感**」「**憧れ**」と

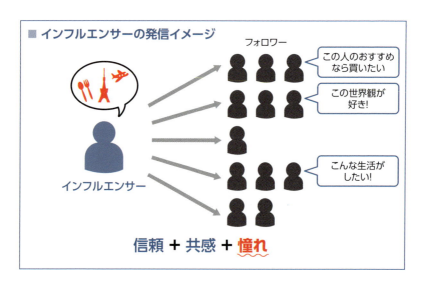

■ インフルエンサーの発信イメージ

いう３つのキーワードで理解できます。

　自分と同じような価値観を持ったユーザーが使っていると「共感」されますし、実際に使った人の感想は「信頼」できます。さらに、特定の分野で影響力を持ったインフルエンサーは「憧れ」の対象でもあります。特にフォロワーが多いユーザーは、日ごろからおしゃれな生活をしていたり、非日常性が高いユーザーであることが特徴です。そのため、「憧れ」の要素が強くなるのです。

　インフルエンサーマーケティングとは、**影響力の強い第三者に発信してもらうことで、「信頼」「共感」「憧れ」を活用するマーケティング手法**ともいえるでしょう。

2 インフルエンサーの分類

　インフルエンサーは保持するフォロワー数により、特徴や最適な活用方法、アサイン（選任）方法の把握が必要です。ここからは、インフルエンサーを６つに分類して解説します。

1. Instagram以外でも大きな影響力がある 「有名人」

目安フォロワー数 **100万人〜**

　Instagramでトップクラスのフォロワーを抱えているのは、**芸能人や有名人**です。国内でもトップのフォロワーがいるのは渡辺直美さん、水原希子さん、ローラさんなど。元々有名であるだけでなく、**Instagramを使ったセルフブランディングが非常にうまい**ことが特徴です。

　このクラスの人は、行く場所、食べるもの、会う人など、一般ユーザーとはかけ離れた面も多いため、**「共感」や「信頼」と比べて「憧れ」の要素が非常に強くなること**が特徴です。

　Instagramマーケティングの範囲を超えて、マスメディアやイベントと連動した大規模なプロモーションでの起用がメインになるでしょう。

2. Instagramがきっかけで有名人になった
「超人気インスタグラマー」　目安フォロワー数　50万〜100万人

　もともと有名人でなくても、Instagramがきっかけでテレビや雑誌に露出するようになった方も増えてきました。今ではタレントとして活躍しているGENKINGさんも、もともとはInstagramから人気に火がついたひとりです。**人気度が増すにつれて、芸能事務所に所属するケースも増えます**。ほぼ有名人と同様と考えるべきでしょう。

3. Instagramの中ではカリスマ的な存在
「人気インスタグラマー」　目安フォロワー数　10万〜50万人

　マスメディアでの露出はほとんどないものの、Instagramの中ではカリスマ的な人気のユーザー群です。料理や写真が上手、ファッションがおしゃれなど、**何かひとつ突出したスキル**を持っています。

　Instagramの中では、カリスマ的な人気を持っていますが、有名人ほど生活レベルがかけ離れているわけではないため、**憧れの対象であるとともに、どことなく親近感もある**ことが特徴です。

4. 特定の分野で大きな影響力を持つ
「マイクロインフルエンサー」　目安フォロワー数　1万〜10万人

　特定の分野において、高い知名度と影響力を持っているインスタグラマーです。ファッション、料理といった大カテゴリではなく、「原宿系ファッション」、「和食」といったように**テーマをしぼって投稿している**ことが特徴です。

　特化している分野においては、オピニオンリーダーのような役割を果たしており、この人たちが発信した内容は非常に信頼される傾向にあります。

Word ▶▶▶【インスタグラマー】

Instagramで影響力を持つインフルエンサーは、インスタグラマーと呼ばれます。

5. 人気ユーザー予備軍 「ナノインフルエンサー」

目安フォロワー数　1000〜1万人

ニッチな分野に特化しているため、少し人気のある一般人です。もしかすると身の回りにも、このくらいのフォロワーを抱えている友人がいるのではないでしょうか。

行く場所や会う人、食べるものすべてが「庶民的」なので、**憧れこそ抱きませんが、この人たちが投稿している内容は非常に共感されます。**

とはいえ、数千人レベルのフォロワーを抱えていますので、写真を見ているだけでおもしろい人たちばかりです。これから**人気が出れば、数万人単位でのフォロワーを抱えていく可能性**も秘めています。

6. 自分のライフスタイルを投稿している 「一般ユーザー」

目安フォロワー数　〜1000人

ほとんどのユーザーがここに分類されます。そもそもInstagramで人気になりたいという感情を持っておらず、ただ日常で撮った写真をアップして楽しんでいます。中には自分は投稿せずに、友人の投稿を見るだけのユーザーや、アカウントを非公開にしているケースもあります。

インフルエンサーではありませんが、**実際の友人の投稿は親近感があります。**友達が行った店や買ったものなど、なんとなく気になるという経験は誰しもあるのではないでしょうか。

3 インフルエンサーのアサイン方法

インフルエンサーのアサインにはいくつか方法があります。

1. 広告代理店を活用する

有名人、超人気インスタグラマークラスをアサインする場合は、投稿だけでなく**キャンペーンやマスプロモーションとの連動**が必要

になります。このクラスでは広告代理店に一括して依頼することで、アサインの代行だけではなくプロモーションをトータルで支援してもらえるでしょう。

　代理店も総合広告代理店、インターネット広告代理店、SNSマーケティング専門代理店などさまざまな種類があります。検討したいプロモーションのレベルに応じて依頼する会社を選んでいきましょう。

> ■ **広告代理店の例**
> 総合広告代理店：電通、博報堂、アサツー ディ・ケイ
> インターネット広告代理店：サイバーエージェント、オプト
> SNSマーケティング専門代理店：アライドアーキテクツ　など

2. インフルエンサーアサイン専門の会社を活用する

　ここ2、3年の間にインフルエンサーのアサインを専門にしている会社も増えてきました。インフルエンサーの特徴を理解しているので、有名人レベルからマイクロインフルエンサーレベルまで、幅広くアサインでき、効果的に活用するためのアドバイスも得られるでしょう。

> ■ **インフルエンサーアサイン専門会社の例**
> タグピク、3 minuit　など

3. インフルエンサープラットフォームを活用する

　2016年に入り、誰でも簡単にインフルエンサーをアサインすることができるサービスも増えてきました。

　最初に必要な登録を済ませれば、**オンライン上でインフルエンサーの選定から依頼まで一括して進める**ことができます。

　価格が安く、代理店とのコミュニケーションが必要ないなどのメリットはありますが、マッチング後のディレクションは自分自身でする必要があるので、多少のマーケティングノウハウが必要になってくるでしょう。

> ■ インフルエンサープラットフォームの例
> Icon Suite、Infulencer One　など

4. 自分で連絡をする

　DMや投稿のコメントを利用して、インフルエンサーに自分で連絡をする方法もあります。この場合は自分で連絡をする必要があるので、インフルエンサーを見つける手間や時間がかかります。ただ、**インフルエンサーとの直接取引になるため、価格は最も安く、コミュニケーションを取るうちにファンになってくれる可能性もあります。**

　人気インスタグラマー以上になると、多くの依頼が舞い込むため専門業者経由でないと取引ができないこともあります。

5. キャンペーンに参加してもらう

　キャンペーンを開催して、自然に巻き込む方法もあります。企画次第では、たくさんのフォロワーを抱えるインフルエンサーの方が、参加してくれるかもしれません。

■ インフルエンサーの分類

	有名人	超人気インスタグラマー	人気インスタグラマー	マイクロインフルエンサー	ナノインフルエンサー	一般ユーザー
フォロワー数	100万人〜	50万〜100万人	10万〜50万人	1万〜10万人	1000〜1万人	〜1000人
信頼	△	△	○	◎	◎	○
共感	△	△	○	○	◎	◎
憧れ	◎	◎	◎	○	△	△
活用方法	マスプロモーション連動			投稿してもらう		
		Instagramタイアップ				
アサイン方法	広告代理店		DMで直接連絡			
	インフルエンサー専門会社					
	インフルエンサープラットフォーム				キャンペーンで巻き込む	

07 インフルエンサーマーケティングはどんなことに注意するの?

インフルエンサーに投稿を依頼するときに注意したいことがあります。製品やサービスの魅力を最大限に発信してもらうために留意しましょう。

1 ステルスマーケティングに注意する

インフルエンサーに金銭を支払い、投稿してもらう際には、**企業との関係性を明らかにし、それが広告プロモーションの一環だとわかるようにしましょう**。一見して広告活動とわからないようなマーケティング（ステルスマーケティング、通称ステマ）は、「やらせ」だと嫌悪され、商品やブランドにとって、マイナスになってしまいます。企業がステマに注意しなければならない理由は2つあります。

ひとつ目は**SNSでは広告枠を購入しなくてもマーケティング活動ができるため、広告との違いがわかりづらい**ことです。従来であれば、CMの時間帯や、広告枠があり、どれが広告なのか誰でも把握することができました。一方、インフルエンサーのSNS投稿では、広告だと明記しないと、見ている側にはプロモーションとの違いが判断しがたいのです。

ステマに気をつけなくてはいけないふたつ目の理由は、「共感」・「信頼」・「憧れ」の感情と関係があります。その人が言っているならと感じていた「共感」・「信頼」・「憧れ」の感情が、金銭報酬によって言わされていたと知ると、裏切られた感覚になってしまうのです。

2 関係性明示の方法

ステマはインフルエンサー自身の評判を落とすことにもなります。**投稿の際は、関係性を明示してもらうことを依頼するようにしましょう**。SNSを使って誰でも企業のプロモーションに参加できる現

代では、マーケティングにも「倫理観」が必要になってきています。

　Instagramはまだまだ新しいメディアのため、関係性の明示に関するルールが明確に決まっていません。一般的な方法を2つ紹介します。

1. 文章で記載する

　キャプションに「GreenSnapさんの提供です！」のような文章を書いてもらう方法。わかりやすく関係性を明らかにできます。

2. PRやSponsored表記をする

　インフルエンサーのイメージや、商品・ブランドの世界観によっては、文章で書くことが望ましくない場合もあります。そのような場合は「#PR」、「#Sponsored」というハッシュタグや、キャプション内に【PR】【Sponsored】と記載してもらいます。

3 インフルエンサーらしさを最大限に引き出す

　インフルエンサーには、自分の言葉で文章を作って発信してもらうようにしましょう。書いてもらいたいことはたくさんあると思いますが、**インフルエンサー自身の魅力が反映された発信をしてもらった方が、フォロワーから「信頼」「共感」「憧れ」という感情を引き出すことができ、結果的にマーケティング効果は高まる**のです。

■ インフルエンサーに依頼するときのポイント

説明すること	例
商品の概要	商品の歴史、商品の特徴
ブランドのビジュアルイメージ	自社サイトや過去の広告ではどんなビジュアルで展開したか
プロモーションの目的	認知を広げたい、商品の特徴を伝えたい
プロモーションのターゲット	新しいことや体験に積極的な20代女性、普段から美を意識している30代女性

08 Instagramの写真をECサイトで活用するには?

販売サイト上でユーザーが投稿した写真を利用することは有効です。その効果と注意点を押さえましょう。

1 ユーザーの写真を表示して購入率を上げる

　購入前に実際の使用感を知るために、Instagramのハッシュタグを活用して情報検索をするユーザーが増えてきたことは第3章で解説しました。ここではInstagramの投稿をクチコミとしてECサイト上に掲載して、購入率をアップさせる取り組みを紹介します。

　クチコミを表示して購入率を向上させるという取り組みは、EC業界では長年行われていましたが、**Instagramの写真を活用するケースも増えてきています**。実際の活用イメージとともに紹介します。

　この仕組みを活用するためには、専用のサービスが必要になります。たとえば「ブツドリソーシャル」では初期費用30万円、月額5万円から購入することが可能です。

　ECサイトのInstagram写真の活用方法は大きく分けて2通りの利用方法があります。

1. 商品のメイン画像をユーザーが撮影した写真に変更する

　ひとつ目は商品のメイン画像を、ユーザーが撮影した写真に変更する方法です。**差し替えた画像はABテストをし、自動的に購入率が高い方の画像を表示することができます。**

　ABテストとは、画像Aと画像Bを均等に出し分け、どちらがより成果を上げるか比較し、成果が上がった方の画像を採用する手法です。

■ ABテストのイメージ

A
70%のユーザーが購入

Aの画面が表示される

B
30%のユーザーが購入

2. リアルな使用感を伝えて購入率UP

ふたつ目は、商品の使用感をクチコミとして表示する方法です。たとえば、色をテーマにしたオンラインセレクトショップのIROZAでは、靴のショップページの下にInstagramのハッシュタグを表示しています。

靴の写真を単体で見るよりも、**どのようなコーディネートに合うのかなど、リアルなイメージを持つことができる**でしょう。食品、アパレル、雑貨など、見た目が購入の大きな判断になるような商品では有効な施策です。

■ IROZAの活用例

105

09 他のSNSに同時投稿をしたい

Instagramの投稿はFacebookやTwitterなど他のSNSにも、簡単にシェアできます。ただし、それぞれの特色を踏まえた注意点を理解しましょう。

1 投稿をシェアする

　Instagramの投稿は、他のSNSやサービスにも簡単にシェアできます。シェアできるのはFacebook、Twitter、Tumblr、Flickr、Swarm、Ameba、mixiです。言語に中国語も設定していると、Weiboへのシェアができるなど一部例外もありますが、今回は最も活用頻度が高いFacebookやTwitterへのシェアを中心に説明します。その他のSNSについても基本的なやり方は一緒なので、試してみてください。

1. Instagramの投稿と同時にシェアをする

投稿をするときに、同時にシェアできるSNSが一覧で表示されます。同時にシェアをするSNSを選択して投稿すれば完了します。

106

2. 投稿後にシェアをする

投稿後にシェアをする場合は投稿の右上に表示される「…」アイコンをタップします。選択後、シェア画面に移ることができます。ここではシェア用の文章を書き換えることができます。ここで編集した文章は、シェアされたSNSでの投稿文として反映されますが、Instagramには反映されません。

2 シェアをするときの注意点

1. Twitterでは画像が表示されない

　Twitterにシェアした場合は画像が投稿されず、Instagramへのリンクが投稿されます。いくつかハッシュタグを付けて投稿をした場合は、リンクの色とハッシュタグの色が同じなので、見やすいとはいえません。**TwitterにシェアをするときはInstagram投稿のリンクをコピーした上で、画像を貼り付けて投稿**するとよいでしょう。

2. シェアの頻度は控えめに

　SNSによって、反応率の高い投稿の種類は異なるので、**Instagramで反応のよかった投稿が、必ずしもFacebookやTwitterでも反応されるとは限りません。**FacebookやTwitterがInstagramの転載ばかりにならないように注意しましょう。

　また、ブランドのことが好きなファンほど、さまざまなSNSでフォローしてくれていることでしょう。そのようなユーザーに対して、同じ投稿を何度も見せてしまうのは、あまりよいこととはいえません。Facebookはさまざまな情報を投稿できる、Twitterはリアルタイム性が高いなどSNSにはそれぞれ長所があります。Instagram投稿のシェアはここぞというときだけにするようにしましょう。

Column
分割した写真を投稿して、プロフィールページに誘導する

　アカウントをフォローしてもらったり、サイトリンクをクリックしてもらうには、プロフィールページにアクセスしてもらわなければなりません。プロフィールページに誘導するには、写真を分割して投稿する方法が有効です。1枚だけでは何を表しているかわからない写真に、「プロフィールページにアクセスしてみて」とキャプションをつけて投稿すると、プロフィールページへ自然に誘導することができます。

分割された写真を番号順に投稿します。

プロフィールページへ誘導するキャプションを付けます。

プロフィールページで分割された写真の全体像が見られます。

　1枚の写真を分割して投稿するには以下のようなアプリを使います。

iOS　Instagrids
https://itunes.apple.com/jp/app/instagrids-crop-your-photos/id666575203

Android　Instagrid Grids for Instagram
https://play.google.com/store/apps/details?id=com.hodanny.instagrid&hl=ja

　プロフィールページは、リンクURLをクリックしてもらえる貴重なスペースです。ブランドや製品の世界観をトータルイメージで伝えることができるので、ぜひ試してみてください。

第 章

Instagram 広告を 出稿する

Instagram広告は低予算から出稿でき、詳細なターゲティングができます。出稿には、FacebookページやInstagramのビジネスプロフィールが必要など、決まった手順があります。出稿までの流れを知りましょう。

01 Instagram広告の特徴と効果

Instagramでは、低予算からでも広告出稿ができます。Instagram広告の特徴と出稿方法を知りましょう。

1 Instagram広告とは

　InstagramはFacebook社傘下のため、Facebook広告の精緻なターゲティング機能を活用して、**効率のよい広告配信ができます。**2015年10月1日から、企業が自社で設定した予算内で広告配信を運用できる**運用型（セルフサーブ）広告**が提供されました。これにより、企業規模に関わらず、低予算からでも広告出稿することが可能になりました。

　企業のInstagram活用においては、広告を利用しないオーガニックなアカウント運用だけでは、フォロワーを急激に増やすことは難しいため、写真や動画といったビジュアルの力でコミュニケーションを加速させることができる、Instagram広告を上手に利用しましょう。

■ Instagram広告の例

通常の投稿と同じデザインですが、右上に「広告」という表示と画像下にCTAボタンが表示されます。
※広告表示はiOSまたはAndroid端末のInstagramアプリのフィード上のみ。デスクトップ、スマートフォンのブラウザで閲覧する場合には表示されません。

(画像出典：https://www.facebook.com/business/ads-guide/clicks-to-website/instagram-links)

2 Instagram広告の特徴

Instagram広告はビジュアルに特化した世界観の中で、ブランドや製品を視覚的にアピールできます。

Instagram広告はユーザーのフィード上に表示されるため、**ユーザーの目を惹き付ける魅力的な写真や動画であれば、広告であってもコミュニケーションの起点になり得る**ことが特徴です。

また、Instagramでは投稿のキャプションから外部サイトへ誘導することができなかったため、企業での活用が難しい側面もありましたが、広告によりブランディングだけでなく、自社のマーケティング目的に合わせた成果を発揮することも可能になりました。

Column ▶▶▶ Facebookにも出稿できる

Instagram広告を出稿するには、Facebookページが必要です（P.116参照）。Instagram広告は、Facebookにも同時に出稿できます。また、すでにFacebookに配信した広告をInstagramに配信することも可能です。

Word ▶▶▶ 【CTAボタン】

CTAはCall to Action（行動喚起）の略。次の行動を喚起するイメージやテキストのこと。Instagram広告では、タップすることでサイトに誘導できる「詳しくはこちら」などと表示されたテキストのこと。

111

Instagram広告の種類と目的

Instagram広告には、画像・動画の表示方法が3種類あります。広告出稿の目的と合わせて自社に合う方法を考えましょう。

1 Instagram広告の種類

Instagram広告には3つの種類があります。それぞれキャプションや画像・動画の形式に規定があります。

1. 画像広告

画像が正方形または長方形で表示されます。

広告テキストにURLを含めると、ウェブサイトに誘導するためのCTAが広告下部に自動で表示されます。

> キャプション：2,200文字以内（推奨　125文字）
> 画像サイズ：最小600×315ピクセル〜最大1936ピクセル×1936ピクセル
> 　　　　　　（推奨　1080×1080）
> ファイルタイプ：jpgもしくはpng
> ファイルサイズ：最大30MBまで
> 画像内のテキストの量が広告のリーチに影響します。[※1]

2. 動画広告

動画が正方形または長方形で表示されます。

> キャプション：2,200文字以内（推奨　テキストのみ、125文字以内）
> 動画アスペクト比：1.9：1から1：1（推奨　アスペクト比：1：1）
> 最小解像度：600×315ピクセル（1.9：1横長）／600×600ピクセル（正方形）
> 長さ（最短）：3秒
> 長さ（最長）：60秒
> 動画：H.264圧縮方式、ハイプロファイル推奨、正方画素、固定フレームレート、
> 　　　プログレッシブスキャン

> フォーマット：.mp4コンテナ(movアトムが先頭に配置され、編集リストなし
> 　　　　　　であることが望ましい)
> 音声：ステレオAACオーディオ圧縮、128kbps以上を推奨
> 最大サイズ：4GB
> フレームレート：最大30fps
> サムネイル画像内のテキストの量が広告のリーチに影響します。[※1]

3. カルーセル広告

　3〜5点の画像とリンクを1つの広告として表示でき、横にスワイプすると画像の切り替えができます。カルーセル形式を利用する場合は、画像は正方形のフォーマットで表示されます。

> キャプション：2,200文字以内(推奨　125文字)
> 画像サイズ：最小600×315ピクセル〜最大1936ピクセル×1936ピクセル
> 　　　　　　(推奨　1080×1080)
> ファイルタイプ：jpgもしくはpng
> ファイルサイズ：画像1枚につき最大30MBまで
> 画像内のテキストの量が広告のリーチに影響します。[※1]

※1　画像内のテキスト量制限についてはP.128参照

カルーセル広告の例。横にスワイプすると、3点の写真が表示される。

(画像出典https://www.facebook.com/business/ads-guide/clicks-to-website/instagram-carousel/)

2 出稿の目的

Instagramでは現在、次の6つの目的で広告が出稿できます。

1. 投稿を宣伝する

投稿に対する「いいね！」やコメント、シェア、動画再生、写真の閲覧数を増やすための広告です。FacebookとInstagramに同時に出稿することができ、Facebookページで作成した投稿は、Instagramの表示フォーマットに自動的に調整されます。

> ■ 設定できるCTA
> 広告のテキストにURLを含める場合、ウェブサイトに移動するための[詳しくはこちら]というCTAが広告の下部に自動的に表示されます。

2. ウェブサイトへのアクセスを増やす

自社の公式サイトやショッピングサイトなど、**外部のWebサイトへ誘導するための広告**です。表示タイプとしては、1枚の写真または動画を掲載できる「Instagramリンク」、複数の写真をスライドとして掲載できる「Instagramカルーセル」が選択できます。

> ■ 設定できるCTA
> 予約する／お問い合わせ／ダウンロード／詳しくはこちら／購入する／登録する／他の動画を視聴／申し込む

3. ウェブサイトでのコンバージョンを増やす

広告から誘導した先の外部サイトで、商品の購入や会員登録などのアクションに繋げるための広告です。自社サイト側に専用のタグを埋め込むことで、コンバージョン（成果）を計測でき、コンバージョンが上がるように表示条件が自動的に最適化して配信されます。表示タイプは「Instagramリンク」と「Instagramカルーセル」が選択できます。

> **■ 設定できるCTA**
> 予約する／お問い合わせ／ダウンロード／詳しくはこちら／購入する／
> 登録する／他の動画を視聴／申し込む

4. アプリのインストール数を増やす

　スマートフォンアプリのインストールを促すための広告です。表示タイプは、1枚の写真または動画を掲載する「Instagramモバイルアプリ」と、複数の写真を掲載する「Instagramモバイルアプリカルーセル」から選択できます。

> **■ 設定できるCTA**
> インストールする／アプリを利用／予約する／ダウンロード／詳しくはこちら
> ／音楽を聴く／ゲームをプレイ／購入する／登録する／他の動画を視聴／
> ビデオを見る

5. アプリのエンゲージメントを増やす

　スマートフォンアプリをインストール済みのユーザーに、アプリの利用を呼びかける広告です。表示タイプは、「Instagramモバイルアプリ」「Instagramモバイルアプリカルーセル」から選択できます。

> **■ 設定できるCTA**
> アプリを利用／リンクを開く／購入する／予約する／ゲームをプレイ／音楽を聴く
> ／ビデオを見る／他の動画を視聴／ダウンロード／詳しくはこちら／登録する

※ただし、スマートフォンアプリへFacebook SDK（ソフトウェア開発キット）を組み込む必要があります。
　アプリ広告の設定についての詳細　https://developers.facebook.com/docs/app-ads

6. 動画の再生数を増やす

　動画を再生させることを目的とした広告です。より多くの人に視聴されるように配信条件が自動的に最適化されます。

> **■ 設定できるCTA**
> 他の動画を視聴／予約する／お問い合わせ／ダウンロード／詳しくはこちら
> ／購入する／登録する／申し込む

03 出稿までの流れが知りたい

広告の種類や目的を把握したら、出稿までの実際の流れを押さえましょう。ここでは2種類の出稿方法を解説します。

1 Instagram広告出稿の方法

Instagram広告を作成・出稿するには、3つの方法があります。
❶Facebookの広告マネージャを利用する
❷Instagramアプリを利用する
❸パワーエディタを利用する

　パワーエディタは一度に大量の広告を作成し、キャンペーンを正確に制御する必要のある広告主向けに開発されたFacebookの広告ツールです。操作がやや複雑なため、本書ではFacebook広告マネージャとInstagramアプリからの出稿方法を紹介します。

2 Facebookの広告マネージャでInstagram広告を出稿する

　実は**Instagram広告を出稿するために必要なのは、Instagramのアカウントではなく、Facebookページ**です。これはInstagram広告がFacebook広告と統合されており、Facebookの広告出稿システムを利用して配信されているからです（ちなみにInstagramのアカウントがない場合は、Facebookページが配信元となり、Instagram上ではユーザーネームがグレー表示でタップできない広告となります）。

　本書を読まれている方はInstagramのアカウントをお持ちか、作成する予定だと思いますので、少し不思議な気がするかもしれません。広告出稿前の準備として、Facebookページをお持ちでない場合は、FacebookのFacebookページ作成ガイダンス（https://www.facebook.com/help/104002523024878）を参照して作成してください。

■ InstagramアカウントをFacebookページに追加する

　まずは、自分が管理者または編集者になっているFacebookページにInstagramアカウントを追加します。

Facebookページを開き、ページの右上にある「設定」をクリックします。

「Instagram広告」❶をクリックして、
「アカウントを追加」❷をクリックします。

Instagramアカウントのユーザーネームとパスワードを入力し、「確認」をクリックします。

■ Facebook広告マネージャでInstagram広告を作成する

Facebookビジネスマネージャ（https://business.facebook.com/）にアクセスし、左上メニューから「広告マネージャ」をクリックします。

マーケティングの目的❶を選び「次へ」❷をクリックします。

目的の項目はFacebook広告と共通となっていますが、Instagram広告が対応しているのは、「ブランドの認知度アップ」「ウェブサイトへの誘導」「エンゲージメント」「アプリのインストール」「動画の再生を増やす」「アプリのエンゲージメント」の6項目です。
　ここでは「ウェブサイトへの誘導」を例に説明します。
　「広告キャンペーン名」は何の広告か、わかりやすい名前を付けておきましょう。

1. ターゲット、予算、掲載期間を設定する

「ターゲット」設定の詳細については後述します。

「配置」では配信するメディアを選択します。初期設定は「自動配置」になっていますが、「配置を編集」をクリックするとデバイスやプラットフォームが選択できます。Instagramだけに配信したい場合は、ここで「Facebook」と「オーディエンスネットワーク」のチェックを外してください。「詳細オプション」からOSや特定のモバイル機器だけを選択することもできます。

必要項目を設定するごとに入力された条件での配信予想数が表示されます。

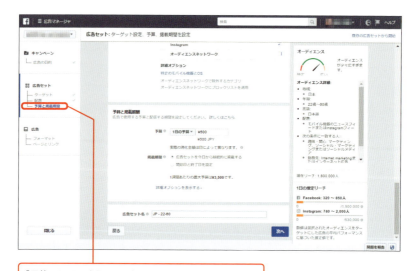

「予算」は1日の上限か、設定した配信期間通算での上限の金額を入力します。初期設定では広告の目的に最適化した配信方法が自動的に選択されていますが、「詳細オプションを表示する」をクリックすると、「広告配信の最適化対象」や入札額、請求のタイミングを手動で選択することもできます。すべて入力したら「次へ」をクリックします。

2. 配信メディアやテキスト、リンクを選択する

「形式」で広告の種類を選びます。今回は一番ノーマルな画像広告を選びました。次に画像を設定します。PCからアップロードすることもできますし、Facebookページに投稿した画像のライブラリから選ぶこともできます。また、無料のストック画像を使用することもできます。

連携しているInstagramアカウントが表示されていることを確認し、CTAボタンの遷移先となるウェブサイトのURLやテキスト、CTAボタンを設定します。右側に表示されている「広告プレビュー」を確認して、問題がなければ「注文を確定する」をクリックして出稿作業は完了です。

3 Instagramアプリから広告を出稿する方法

　Facebookの広告マネージャからは外部サイト、アプリ、Facebookページの投稿の広告が出稿できますが、**Instagramアカウントの投稿を宣伝するには、Instagramアプリから出稿します。**そのためには、Instagramのアカウントをビジネスプロフィールに変更する必要があります。

■ ビジネスプロフィールへの変更方法

アカウントの「プロフィール」メニューでオプション（歯車アイコン）を選択後、「ビジネスプロフィールに切り替える」をタップすると、Instagramビジネスツールの設定画面が表示されます。

「次へ」をタップすると、Facebookにリンクするためのログイン画面が表示されます。

Facebookにログインすると自分が管理者になっているFacebookページが表示されるので、リンクするFacebookページを選択します。

ビジネスプロフィールの設定画面が表示されるので、メールアドレス、電話番号、住所のうち、必要なものを設定すると、ビジネスプロフィールの登録は完了です。

4 Instagramアプリからの出稿方法

Instagramのアプリを起動し、プロフィールを開きます。宣伝したい投稿を選択し、投稿の画像の下にある「広告を作成」をタップします。

実行してもらいたいアクションを選択し、「アクションボタン」を設定します。

> Column ▶▶▶ **ビジネスプロフィールに変更するとできること**
>
> 電話番号、メールアドレス、住所などの情報を連絡先として登録できるようになります。これらは、ユーザーがプロフィール画面の「連絡する」ボタンをタップしたときの連絡先になります。また、投稿の運用効果がわかる「Instagramインサイト」と、投稿を宣伝する「Instagram広告」も利用できるようになります。

宣伝の詳細を入力します。「ターゲット」(リーチしたい対象者)、「予算」(宣伝に使用する予算)、「期間」(宣伝の掲載期間)などが設定できます。詳細をすべて入力したら「次へ」をタップします。

予算金額を入力すると、想定リーチ数が表示されます。

広告配信のターゲットとなるオーディエンスを設定します。「自動」または「カスタムオーディエンス」を選択できます。「カスタムオーディエンス」を選択すると、オーディエンスの趣味・関心、地域、年齢と性別などの設定が可能になります。設定したカスタムオーディエンスは名前を付けて保存ができます。設定できたら、「完了」をタップします。

支払い方法はFacebookページで設定した方法から選択するか、別の方法を追加します。

「広告を作成」をタップして宣伝の設定を完了します。「広告を作成」をタップすると、宣伝がFacebookの広告ポリシーに準拠しているかが審査されます。審査が完了し、承認されると宣伝が掲載されます。広告の配信が始まると「インサイト」で「インプレッション」「クリック数」「クリック単価」「消化金額」が確認できます。配信条件を途中で変更する場合は、Facebook広告マネージャから行えます。

　ビジネスプロフィールならびにInstagramアプリからの広告出稿は、2016年8月から導入されたもので、現在はまだ、正方形のフォーマットを使用した投稿のみ、「連絡を取る」か、「ウェブサイトへの誘導」を目的とする広告だけの配信に限られています。

Instagram広告のルールを知りたい

Instagram広告の出稿にはルールがあります。画像や動画の表現に制限や禁止されている項目があるので、出稿前に確認しましょう。

1 広告ポリシーを理解する

　Instagram広告は配信される前に、内容がFacebookの広告ポリシーに準拠しているかどうか審査されます。Facebookの広告ポリシーで特に注意しておかなくてはいけないのは、禁止されているコンテンツ、制限されているコンテンツと、広告画像に占めるテキスト量の割合です。

　以下に目を通して、少しでも該当しそうな項目があるようでしたら、Facebookの広告ポリシーサイトで詳細を確認してください。広告配信中であってもポリシー違反が判明すると配信が停止されてしまうので、事前の確認が大切です。

■ Facebook広告ポリシー
https://www.facebook.com/policies/ads

1. 禁止されているコンテンツ
- 非合法な製品、サービス、または行為に寄与したり、それを促進または宣伝したりするコンテンツ
- 未成年者をターゲットとする、年齢層にとって不適切、違法、危険、搾取、欺瞞、不当な圧力につながる製品、サービス、またはコンテンツ
- 違法薬物、処方薬、娯楽のための麻薬などの薬物
- タバコ製品や関連する器具
- Facebookの独自の裁量によって判断された危険な栄養補助食品
- 武器、弾薬、爆発物

- 成人向け製品またはサービス（家族計画や避妊に関する広告を除く）
- 著作権、商標権、プライバシー権、パブリシティ権などの個人的権利または所有権を含めた第三者の権利に抵触または侵害するようなコンテンツ
- 成人向けコンテンツ（ヌード、露骨なまたは挑発的な姿勢をとっている人の描写、過度に挑発的なまたは性的に刺激的な行為）
- ショッキング、扇情的、非礼、または過度に暴力的なコンテンツ
- 個人の特性（人種、民族、宗教、思想、年齢、性的嗜好、性同一性、障害、身体的および精神的健康を含む病気、財政状態、労働組合への所属、犯罪歴、名前など）を断定または暗示するコンテンツ
- 誤解を招くような宣伝文句、値引き、ビジネス手法などを含む誇大的、虚偽的、または誤解を招くようなコンテンツ
- 商業目的で賛否の分かれる政治的または社会的問題を取り上げるコンテンツ
- 利用者の操作なしに自動的に再生されたり、広告をクリックした後にFacebook内で拡大表示される音声またはフラッシュ画像
- 機能しないリンク先ページ
- スパイウェア、マルウェア、または予期しない利用環境や不当な利用環境をもたらすソフトウェアや同様の製品を含むサイトへのリンク
- 文法や句読点のミス
- 動画機能を示す[再生]ボタンや終了しない[終了]ボタンなど、存在しない機能を表現した画像
- 「理想的」な体型や体の一部に焦点を当てた画像や、「使用前/使用後」などの期待できない、ありえない結果を示す画像
- 給料日ローン、給料前のキャッシングなどの短期ローン
- 予期しない利用環境や不当な利用環境をもたらすような外部ページに誘導するコンテンツ

2. 制限されているコンテンツ

- アルコール：アルコールを宣伝またはこれに言及する広告
- 出会い関連：書面による許可が必要（出会い系品質ガイドライン準拠）
- オンラインリアルマネー賭博やゲームリアルマネーカジノ、スポーツ賭博、ビンゴ、ポーカー、リアルマネー宝くじ等：書面による許可が必要
- 自治体宝くじ：行政機関が運営する宝くじは宣伝可。ただし、広告が配信される地域の準拠法に従ってターゲット設定を行うことが条件となります。また、宝くじが販売される地域の利用者のみを対象にすることができます。
- オンライン薬局：書面による許可が必要
- 栄養補助食品：18歳以上の利用者のみ対象
- 購読サービス（送りつけ商法、自動更新、無料から有料に切り替わるものが含まれる製品やサービス等）：購読サービス要件が適用
- ブランドコンテンツ：ブランドコンテンツツール使用
- 動画広告における成人を対象にした映画の予告映像、テレビ番組、ビデオゲームの予告映像、その他同様のコンテンツ：書面による許可が必要、18歳以上の利用者限定配信

3. 広告画像に占めるテキスト量

　以前は、広告画像の面積の20%をテキストが占めていた場合、掲載承認が得られませんでした。現在も、テキストを最小限に抑えた方がよいことに変わりはありませんが、**画像内のテキスト量に応じて配信が少なくなるか、まったく配信されないかのいずれかが適用される**システムになっています（Facebookが例外的措置を取らない場合）。

　画像がポリシーの要件を満たしているかどうかは、画像テキストチェックツールを利用して確認してください。

> ■ 画像テキストチェックツール
> https://www.facebook.com/ads/tools/text_overlay
> 画像をアップロードすると、広告の画像に含まれるテキストの量が測定できます。

〈画像内のテキストほぼなし〉

リーチに影響なし

〈画像内のテキスト少〉

リーチが少し狭くなる可能性がある

〈画像内のテキスト中〉

リーチが大幅に狭くなる可能性がある

〈画像内のテキスト多〉

配信されない可能性がある

（画像出典：https://www.facebook.com/business/help/www/223106797811279）

4. 例外的に認められるもの

- 書道、インフォグラフィック、映画のポスターなど、テキストを主とした製品の画像。
  ただし、製品を近すぎる位置から撮影したものや、拡大されたロゴの画像は、製品画像として認められません。画像には製品の全体が表示されている必要があります。利用規約や条件などの法的記述も例外とみなされます（広告内の製品に適用されるため）。
- 画像内での使用が認められていないもの（画像内の文字とみなされます）

ロゴ - 文字ベースのロゴは、サイズや位置に関係なく、テキスト扱い
ウォーターマーク - 追加が義務付けられている場合、またはブランドガイドラインで定められている場合でも、すべてテキスト扱い
数字 - 数字はすべてテキスト扱い

広告にはどんな画像が適しているの?

Instagram広告に向いている画像には、ユーザーにより印象を与えるためのポイントがあります。

1 Instagram広告に適した画像とは?

　Instagram広告はフィード上で、他のユーザーが投稿した画像や動画の間に表示されます。**そのため、「広告」としての印象が強すぎる場合は、スクロールされて見送られてしまいます。**フィードと馴染みながらも目を止めてもらえるような、Instagramらしい画像や動画であることが大前提です。

　基本的な考え方は第2章で解説した、自社アカウントの投稿と変わりませんが、広告の場合はさらにブランドの印象がより伝わるように、**ロゴやアイコン、ブランドカラーを意識**するとよいでしょう。

■ 3枚の画像のうち、どれが広告だと思いますか?

　これはおしゃれな家電が人気のライフスタイルブランド「Bruno（ブルーノ）」（@bruno_enjoy）のアカウント投稿と、Instagram広告の画像です。どれが広告か分かりますか?

　正解は中央の画像です。

　一見して広告とわからないほど、他の2枚と並んでいても違和感がありません。しかし、**よく見ると「赤」という目を惹くカラーの**

製品が中央に配され、ブランド名もよく見える構図になっています。

　また、画像のコンセプトが、両サイドのアカウント投稿は、製品の使い方アイデアやテーブルコーディネートの提案であるのに対し、中央の広告は人の手を入れこむことで、みんなが集まるホームパーティーをイメージさせ、おしゃれなホットプレートという製品特長の訴求になっています。

　この広告画像は元々は左の画像でアカウントに投稿されました。元の投稿画像は、製品が画像の一部に馴染んだ構図です。広告画像のほうは製品を中央に配したレイアウトで、製品の赤色が際立つようにクリアで明るめな色調に変更されています。このように、**広告画像はビジュアルとしての品質を保ちながらも、アカウント投稿画像に比べ、伝えるべきメッセージがより明確に、よりシンプルに伝わるようにする**必要があるのです。

2 広告画像の考え方のヒント

　伝えるべきメッセージを整理し、コンセプトを決めましょう。

　メッセージを深く伝えるためには、**見る人の想像力を掻き立てるストーリーが必要**です。物語の一場面のような画像を目指して、製品やロゴ、アイコンだけではなく、脇役アイテムを上手に使い、シチュエーションを演出しましょう。ただし、要素の配置を複雑にしすぎたり、詰め込みすぎたりせず、**一番伝えたいポイントに焦点を当てた構図**を考えましょう。

06 広告のターゲットはどうやって決めればいいの?

Instagram広告で利用できる、Facebook広告の精緻なターゲット機能の概要を知りましょう。

1 ターゲット設定の重要性

　Instagramは、ユーザーが趣味や感性でフォローしたアカウントの投稿だけが、自分のフィードに並ぶことが魅力でもあるため、**いかにも広告然とした広告では受け入れてもらえません。**

　さらに、Instagram広告の表示は「入札方式」です。広告のターゲットオーディエンスから得られる反響を数値化した**「関連度スコア」**によって、配信効率が大きく変わります。

　ですから、広告であってもユーザーを惹きつけることが必要です。**そのコンテンツに興味を持ってくれ、反応してくれそうな「ターゲット」にしっかりとリーチするための設定も重要**です。

　Instagram広告ではFacebook広告の3つのターゲティング機能を利用することができます。

1. コアオーディエンス

　属性や関心事などによるターゲティング。年齢、性別、地域などの属性や趣味・関心、行動などFacebookに登録されたデータをもとにした項目によってターゲティングができる機能。

■ 設定可能なターゲット項目

地域	国、都道府県、市区町村、郵便番号で指定可能
人口統計データ	年齢、性別、交際ステータス、学歴、勤務先などで指定可能
趣味・関心	趣味・関心ごとで指定可能（利用者の趣味・関心は、趣味・関心リストに登録されたもの、アクティビティ、学歴、役職、「いいね！」したページ、所属グループなどから判断）
行動	購買行動やデバイス利用状況などのアクティビティで指定可能

2. カスタムオーディエンス

自社の顧客のメールアドレスや電話番号などをFacebookに登録し、Facebookの利用者データと照合することで、Facebookを利用している既存顧客に広告を出すことができる機能です。自社の商品やサービスに興味がある人に絞ってアプローチできるので、コンバージョンしやすく、高い費用対効果が期待できます。

3. 類似オーディエンス

一定条件の潜在ユーザーを推測してくれます。カスタムオーディエンスやウェブサイトへの訪問者、Facebookページのファンなどと類似する利用者を対象にして広告を出すことができる機能です。自社の既存顧客や関心層と似ていると思われるユーザーをターゲットにできるので、新規ユーザーになってくれる可能性が高い人にリーチすることができます。

このようにInstagram広告は、Facebook広告の詳細なターゲット設定オプションが利用できます。国、年齢、性別の基本的なターゲット設定だけでなく、趣味・関心、行動などのサイコグラフィックデータ（興味、関心、価値観、ライフスタイルといった心理学的属性）によるターゲティングを検討してみましょう。

しかし、始めからターゲットを絞り込みすぎてしまうと配信母数が少なくなってしまい、広告が配信されにくくなってしまいます。また、ターゲット項目はFacebookでユーザーが任意で登録したデータが元になっています。すべてが入力されているわけではないことを考えると、機会損失にもつながりかねません。

始めは絶対に外したくないターゲットが、すべて含まれるような設定で配信してみて、配信結果を見ながら徐々にターゲットを絞っていくことをおすすめします。

Column
ユーザーの投稿を広告に活用する

　InstagramだけでなくSNSを媒体とした広告では、ユーザーから共感や共鳴を得ることができる画像・動画が、より高い広告効果を生み出します。Facebook広告の事例ですが、商品の宣材写真を利用した広告バナーよりも、スマートフォンのカメラで撮影された生活者視点の写真を利用した広告のほうが、関連度スコアが大幅に上昇し、CTR（クリック率）が約3倍に向上したというデータもあります（アライドアーキテクツ調べ）。

　そこで、既に自社の製品やサービスをSNSに投稿しているユーザー＝ファンのコンテンツを広告クリエイティブとして利用させてもらってはいかがでしょうか？

　ユーザーの投稿コンテンツ＝UGC（User Generated Contents）は、自身のフィードに投稿することを前提に撮影されています。「広告らしさ」が排除された純粋なコンテンツとしてフィードに馴染むだけでなく、そのユーザーのブランドに対する実際の体験や好意度が、他のユーザーの共感や共鳴を喚起します。

　そこで、UGCの収集から、利用許諾取得・広告配信・効果測定までを一貫してサポートする、「Letro（レトロ）」のようなSNS広告運用支援サービスを活用してみてはいかがでしょうか？

　Letro（レトロ）を利用すると、**自社で開催したフォトコンテストやハッシュタグキャンペーンに投稿された画像、ハッシュタグで検索して発見した画像の投稿ユーザーに、「オファー」を発信して利用許諾を取得できます。**自発的に製品やブランドの画像を投稿しているユーザーは、広告利用のオファーも好意的に受け止めてくれやすいため、広告を通じてファンとの新しいコミュニケーションが生まれるかもしれません。

　UGCを自然な形で活用することができれば、ファンのブランド体験が最高のInstagram広告になるはずです。

https://www.aainc.co.jp/service/letro/

第 6 章

Instagramマーケティングの効果測定

効果測定で確認する指標と、効果測定ができるツールの見方を覚えましょう。Instagramをビジネス活用する際は、適切な効果測定をすることで、効率的に運用できるようになります。

01 Instagramマーケティングの効果測定はどうしたらいいの?

Instagramの運用がどのような効果を発揮しているのかを測定するためには、目的に合わせた指標の設定が必要です。

1 アカウント運用の効果測定

この章では、Instagramの効果測定について解説します。これまで説明してきたように、Instagramは直接的に購入を増やしたり、来店を促進させたり、Webサイトへの流入を増やすツールではありません。Instagramが持つビジュアルやコミュニケーション、クチコミの力を通じて**築いたユーザーとの関係性から、来店や購入が生まれる**ことをもう一度確認しておきましょう。

■ アカウント運用における主な指標例

	指標	説明
メイン指標	フォロワー数	自社アカウントをフォローしてくれているユーザーの数
	投稿への「いいね!」	投稿についた「いいね!」の数
	投稿へのコメント	投稿へのコメントの数
	投稿へのエンゲージメント率	投稿についた「いいね!」とコメントの合計数をフォロワー数で割った数
サブ指標	投稿のリーチ	投稿が届いた人の数。フォロワーに加え、ハッシュタグ経由で投稿を見た人も含まれます。
	投稿のインプレッション	投稿が表示された数。同じユーザーに複数回表示されることがあるため、インプレッション[1]はリーチ[2]よりも多くなります。たとえば、リーチが100でインプレッションが150だった場合は、平均して1人あたり1.5回投稿が表示されたということです。
	ウェブサイトクリック数	プロフィールリンクのクリック数
	プロフィールビュー数	プロフィールが見られた数
	自社ハッシュタグの投稿数	自社専用のハッシュタグが投稿された数

※1:投稿が表示された回数　※2:投稿を見た人の数

アカウント運用は、基本的にフォロワーを増やし、投稿をなるべく多くのユーザーに見てもらい、投稿を見たユーザーから「いいね！」やコメントが付く状態を目指していきます。

2 キャンペーンの目標設定

キャンペーンは、一般ユーザーに自社についての投稿をしてもらう施策です。どれだけ多くの人が参加してくれたか、どれだけの投稿がされたか、投稿に対する反響はあったのか、という視点で考えましょう。

■ キャンペーンにおける主な指標例

	指標	説明
メイン指標	参加者数	キャンペーンに参加してくれた人数。期間中にハッシュタグを付けて投稿してくれた人の人数と同義です。
メイン指標	投稿数	キャンペーンハッシュタグの投稿回数。期間中にキャンペーンハッシュタグが付いて投稿された写真・動画の合計数とも言い換えられます。ひとり当たり2枚、3枚と投稿するケースもあるため、参加者数と一致しません。
メイン指標	投稿への「いいね！」数	キャンペーン投稿への「いいね！」数。参加者の投稿がどれだけ反響を呼んだかという指標です。
サブ指標	キャンペーンサイトPV	キャンペーンサイトのページビュー（PV）数。キャンペーンページを制作する際は、Google Analyticsなどの無料のサイト分析ツールを活用してみましょう。
サブ指標	キャンペーンサイトからの別ページへの遷移数（コンバージョン数）	キャンペーンページを見たユーザーがECサイトや商品詳細ページに遷移したかを表す指標。

Word ▶▶▶【エンゲージメント】

投稿の反響を図る指標。SNSアカウント運用では、投稿についた「いいね！」やコメント、シェアなどユーザーアクションの合計数をエンゲージメント数、「エンゲージメント数÷フォロワー数」の値をエンゲージメント率と呼びます。

02 効果測定ができるツールにはどんなものがあるの?

効果測定をするツールには、Instagram公式や外部、有料・無料など、さまざまなものがあります。目的に合わせて活用してみてください。

1 ツールごとの特徴を知る

1. 唯一の公式ツール
Instagramインサイト

2016年の夏にインサイトと呼ばれる分析ツールが公開され、**Instagramアプリでさまざまな指標を見ることが可能**になりました。ビジネスアカウントに移行すると利用できるようになります。※ アプリで見ることができるため、手軽に確認でき、Instagram公式ツールならではのデータ情報を見ることができるのが特徴です。

2. 多機能な海外製分析ツール
ICONOSQUARE（イコノスクエア）　https://pro.iconosquare.com

Instagramの公式マーケティングパートナーにもなっている海外製のツールです。すべて英語表記のため、慣れが必要かもしれませんが、取得できる情報量の多さが特徴です。

PLUS（月額$4.9）、ELITE（月額$14.9）、CORPORATE（月額$49.9）の3つのプランがありますが、**一通りの機能を活用することができるELITEがおすすめ**です。

3. 日本語の分析ツール
Aista（アイスタ）　https://notari.co.jp/aista_premierelp

日本製の分析ツールとして有名なAista。月額1,000円で利用することができる価格の安さも特徴です。月額30万円のプランもありますが、月額1,000円のプランでも十分な分析ができます。

※移行方法はP.122参照

レポートを簡単にダウンロードできるので、社内でInstagram運用の成果報告をする必要がある場合などは、使い勝手がよいでしょう。

4. ハッシュタグ収集ツール
Social-IN（ソーシャルイン）　https://www.aainc.co.jp/service/social-in

　P.81で紹介したハッシュタグを収集するツールですが、このツールを活用すると、キャンペーン参加者の投稿一枚一枚が管理画面で確認できるほか、キャンペーンの投稿数や参加者数の把握をすることが可能です。初期費用30万円、月額5万円ですので、予算をかけてキャンペーンを実施する際にはあわせて活用するとよいでしょう。

■ 測定可能指標によるツール比較

<table>
<tr><th colspan="2">価格</th><th>Instagram
インサイト
無料</th><th>ICONOSQUARE
ELITE
有料</th><th>Aista
通常版
有料</th><th>Social-IN
LITE
有料</th></tr>
<tr><td rowspan="4">アカウント運用</td><td>フォロワー数</td><td>○</td><td>○</td><td>○</td><td>×</td></tr>
<tr><td>自社投稿への
「いいね！」</td><td>○</td><td>○</td><td>○</td><td>×</td></tr>
<tr><td>投稿への
コメント</td><td>○</td><td>○</td><td>○</td><td>×</td></tr>
<tr><td>投稿のリーチ</td><td>○</td><td>×</td><td>×</td><td>×</td></tr>
<tr><td rowspan="3">キャンペーン</td><td>参加者数</td><td>×</td><td>×</td><td>×</td><td>○</td></tr>
<tr><td>キャンペーン
期間中のハッシュ
タグ投稿数</td><td>×</td><td>○</td><td>×</td><td>○</td></tr>
<tr><td>参加者投稿への
いいね数</td><td>×</td><td>○</td><td>×</td><td>×</td></tr>
</table>

Column ▶▶▶ 人気のハッシュタグを知る

Instagramに投稿されている人気のハッシュタグを知るには、「TOKYO TREND PHOTO」というサイトが便利です。使用回数が急上昇しているハッシュタグや「いいね！」が多く付いた投稿がわかります。

03 Instagramインサイトの見方

Instagram公式のインサイトの見方を説明します。アカウントをFacebookページと連携したビジネスプロフィールにするとインサイトが利用できます。

1 インサイトを表示する

インサイトへはプロフィール画面右上の棒グラフアイコンから入ります。

■ インサイト トップページ

1週間のサマリーを見ることができます。
- 今週のインプレッション
- 今週のリーチ
- 今週のプロフィールビュー
- 今週のウェブサイトへのクリック数

人気のあった投稿を見ることができます。詳細は「もっと見る」をタップします。

フォロワーのユーザー属性を詳しく見ることができます。詳細は「もっと見る」をタップします。

■ 人気投稿の詳細

人気投稿の「もっと見る」をタップすると以下のページに遷移します。

上部をタップすると、条件を指定することができます。人気投稿を指標や期間別に並び替えることが可能です。フィルタの並び替えは下の画像のように行います。

■ フォロワーの詳細

ユーザーについての詳細データを見ることができます。多くのInstagramユーザーはFacebookアカウントと連携していますので、性別・年齢などのデータはFacebookに登録されているものと連動しています。自社アカウントのフォロワーがどんなユーザーなのか、いつInstagramを活用しているかを把握して、今後の投稿に生かすことができます。

フォロワーの性別比率。

フォロワーの年齢層。男女別に見ることができます。

フォロワーの場所。東京23区は区別に表示されます。

フォロワーがInstagramを見ている曜日、時間です。

■ 投稿別データ

投稿した写真の左下に表示されている「インサイトを見る」をタップすると、投稿別のインプレッション、リーチ、エンゲージメントを見ることができます。

04 ICONOSQUAREの見方

ICONOSQUAREを利用すると、フォロワーやハッシュタグ投稿数の推移を分析できます。キャンペーン実施期間などにも利用してみましょう。

1 基本機能の紹介

ICONOSUAREで見ることができる情報を実際の画面とともにご紹介します。

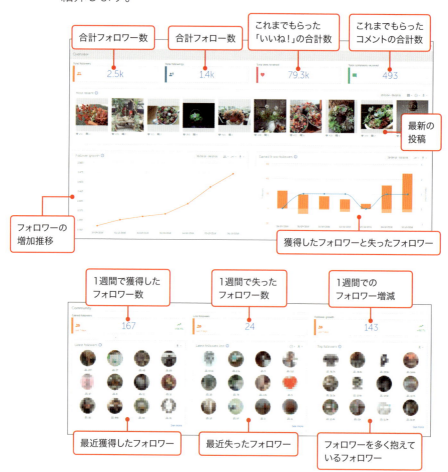

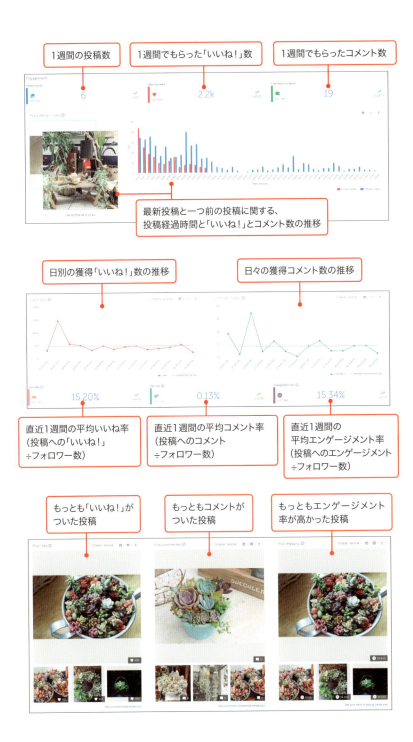

2 ハッシュタグ分析

　登録したハッシュタグの投稿数推移や、投稿に付いた「いいね！」の数を調べることができます。自社ハッシュタグのクチコミ投稿数や、キャンペーン投稿数を見るときに活用しましょう。

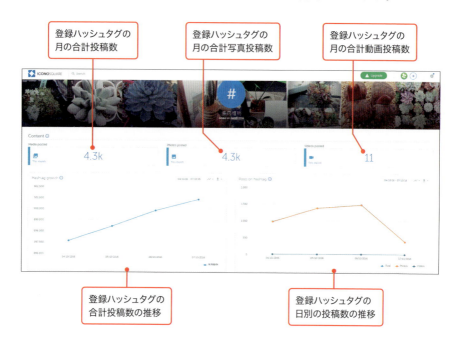

登録ハッシュタグの月の合計投稿数
登録ハッシュタグの月の合計写真投稿数
登録ハッシュタグの月の合計動画投稿数
登録ハッシュタグの合計投稿数の推移
登録ハッシュタグの日別の投稿数の推移

　登録ハッシュタグの投稿に対する「いいね！」や、コメント数も把握することができます。自社に関するユーザーの投稿が、どれだけ反響を得たのか把握することが可能です。

第6章 ▼ Instagramマーケティングの効果測定

登録ハッシュタグの
月の合計獲得
「いいね！」数

登録ハッシュタグの
月の平均獲得
「いいね！」数

登録ハッシュタグの
月の合計獲得
コメント数

登録ハッシュタグの
月の平均獲得
コメント数

Engagement

Likes received	Average likes received	Comments received	Average comments received
311.9k	72.3	16.8k	3.9

登録ハッシュタグの
日別獲得「いいね！」数の
推移

登録ハッシュタグの
日別獲得コメント数の
推移

3 競合分析

ELITEプランであれば、競合になるアカウントを３つまで設定することができます。競合アカウントについては、フォロワー数推移、よく利用するハッシュタグ、投稿時間、人気のあった投稿などを見ることができます。自社と同じカテゴリで、人気のあるアカウントを分析し、今後の投稿に生かしていきましょう。

Column ▶▶▶ フォロワーに好まれるフィルターを知る

ICONOSQUAREの「Optimization」画面の「FilterImpact」を利用すると、適用したフィルター別に「いいね！」とコメントの数を見ることができます。反応を確かめながら、フォロワーに人気のフィルターを活用しましょう。

145

05 Aistaの見方

国産サービスで高度な分析ができるAistaは使いやすく、競合のアカウント分析にも向いています。

1 自社アカウントの分析

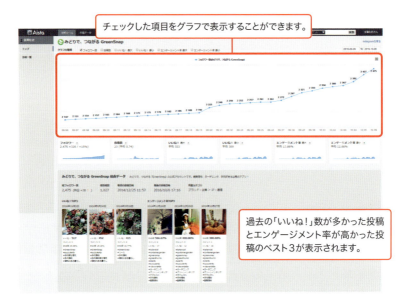

チェックした項目をグラフで表示することができます。

過去の「いいね！」数が多かった投稿とエンゲージメント率が高かった投稿のベスト3が表示されます。

投稿ごとの「いいね！」やコメント数を一覧で見ることができます。

2 他社アカウントに関する分析

　Aistaでは多数の他社アカウントに関しても、自社アカウントと同じく分析をすることができます。ただ、すべてのアカウントが対象ではないようですので、特定の競合について見たいときは、ICONOSQUAREで競合を指定するとよいでしょう。

市場データを分析すると他社アカウントについても自社同様に見ることができます

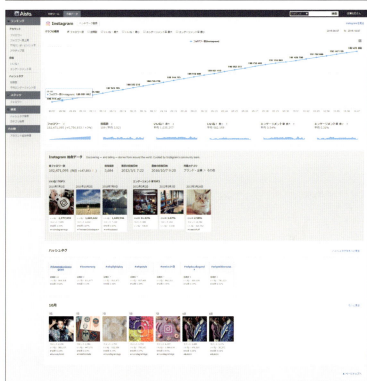

06 Social-INの見方

Social-INはキャンペーンの参加者数や投稿数の把握ができるツールです。
管理画面から情報をcsvファイルでダウンロードもできます。

1 管理画面の見方

収集した投稿を検索することができます。

ユーザーの投稿をWebページに表示させる際、表示・非表示を切り替えることができます。

ハッシュタグを含むInstagramのキャプションが表示されます。

投稿が表示されている場合は緑アイコン、非表示の場合は赤いアイコンが表示されます。

投稿画像・動画が表示されます。クリックするとユーザーの投稿へリンクします。

キャプション内に事前に設定したNGワードが含まれている場合は赤いアイコンが表示されます。

投稿されたものが写真の場合はimage、動画の場合はvideoが表示されます。

投稿された日時が表示されます。

148

2 データをエクセルで加工する

　管理画面の「CSVダウンロード」をクリックすると、管理画面の情報をcsvファイルの形式でPCにダウンロードできます。ただし、画像や動画はダウンロードできないので、管理画面内で見るようにします。

　ダウンロードしたファイルはエクセルで集計することができるので、レポートの作成時などに活用してください。

ここではcsvファイルの各項目の説明をします。

- **A** media_id → 投稿ID
- **B** type → 動画か写真か
- **C** text → 投稿文
- **D** link → 投稿URL
- **E** creator_id → ユーザーID
- **F** creator_url → ユーザーアカウントURL
- **G** pub_date → 投稿日時
- **H** include_ng_word_flg → NGワード登録しているか。している場合は1
- **I** include_ng_comment_flg → NGアカウント登録しているか。している場合は1
- **J** hidden_flg → 検閲状況。非表示設定している場合は1

Column
ストーリーズに追加された 4つの機能

　Instagramは次々に新機能が追加され、日々進化しつづけています。中でも、写真や動画をスライドショー形式で投稿でき、投稿後24時間で自動的に消える「インスタグラム ストーリーズ（Instagram Stories）」は、これまでのInstagramとは少し違ったコミュニケーションを生み出すツールとして、立て続けに機能強化が発表されています。

　「@ユーザーネーム」で特定ユーザーへタグ付けする「メンション」機能や、写真をつなげてミニ動画を作成する「ブーメラン」機能が使えるようになり、タップするとInstagramを離れることなく外部Webサイトを見ることができるリンク機能のテストも始まりました（外部リンクは2016年11月現在、一部の認証アカウントのみの適用）。

　続いて、配信終了とともに消去される最長1時間のライブ動画配信機能の追加も発表されています。

メンション

ブーメラン

外部リンク

　Instagramではこの他にも、ダイレクトメッセージに閲覧後消える写真/動画を共有できる機能を追加した他、フィード投稿から簡単に買い物ができるショッピング機能のテストも開始したといわれています。

　こうした多機能化で、1枚の写真で緩く繋がった関係をより深めたり、外部へ広げたりすることができるようになると、企業にとってはさらにビジネス活用のアイディアが広がるのではないでしょうか。

第 7 章

Instagram 活用事例

この章では、Instagramを活用した企業の事例を紹介します。アカウント運用、キャンペーン、ECへの応用、Instagram広告、Webサイトとの連携といった5種類の企業事例から、ビジネス活用のヒントを見つけましょう。

Instagramの特性を活かしたアカウント運用
GreenSnap
（アライドアーキテクツ株式会社）

フォロワーを増やすには、アカウント運用に工夫が必要です。投稿とコミュニケーションを改善し、フォロワーを獲得した事例を参考にしましょう。

1 コミュニティとの交流を重視

　アカウント運用の事例として紹介するのは、植物の写真を共有するアプリ「GreenSnap（グリーンスナップ）」。特化型SNSとして、植物ファンの間で高い支持を得ています。

　筆者（金濱）も運営に参加しているので、具体的な取り組みとともに紹介しましょう。

　GreenSnapでは、Facebook・Twitter・Instagramと3つのSNSアカウントを運用しています。リンクの投稿ができるFacebookとTwitterは新機能やキャンペーンの告知など、情報発信メディアとして活用しているのに対し、**Instagramは植物好きコミュニティとの交流メディアと位置付けて運用**をしています。まだGreenSnapを知らない植物好きと繋がり、GreenSnapのアプリをダウンロードしてもらうことが目的です。

基本情報

- 企業名　アライドアーキテクツ株式会社
- アカウント　@greensnap.jp
- URL　http://greensnap.jp/
- 事業内容
GreenSnapは植物に特化した無料のWeb／アプリサービスです。「タグ」「いいね！」「コメント」などSNS機能の他、育て方や花言葉が分かる図鑑機能や、グリーンインテリアやアレンジテクニックの参考になる累計40万枚以上の投稿写真で、手軽かつ直感的に植物を介したコミュニケーションを楽しめます。

152

GreenSnapのアプリ。「植物専用の写真フィルター」や「植物タグ」を使って、植物写真を投稿・共有できます。

InstagramでのGreenSnapの投稿。GreenSnapアプリの人気投稿を紹介することもあります。

GreenSnapのFacebookページ。Facebookには、リンクが付けられるので、情報発信の投稿が多くなっています。

　さらにGreenSnapとInstagramを使い分けているユーザーも多いので、既存ユーザーともコミュニケーションを取り、サービスへの親密感を高めてもらうことも狙っています。

2 運用改善でフォロワー獲得効率が6倍に

　GreenSnapでは、2016年9月より、運用の改善に取り組みました。具体的に実施したのは**投稿頻度の改善**と、**アクティブコミュニケーションの開始**です。

　これまで週に1、2件だった投稿を、週に5件程度に増やしまし

た。投稿頻度を高めるときに必ず上がる懸念として写真素材の調達がありますが、GreenSnapではアプリの人気投稿をInstagramで紹介して解決しています。自慢の写真を公式アカウントに紹介してもらうことを喜んでくれるユーザーも多いため、GreenSnapに投稿するモチベーションが高まるといううれしい効果もありました。

　アクティブコミュニケーションでは、まだGreenSnapを知らない植物好きのコミュニティと繋がるため、「#多肉植物」「#植物好きと繋がりたい」といったハッシュタグを付けているユーザーの写真に、積極的に「いいね！」やコメントしています。

　結果はすぐに数値に現れました。これまで、100フォロワー集めるのに1ヶ月半程度かかっていましたが、この改善により同じ100フォロワーを獲得するのにかかるスピードが1〜2週間になったのです。**ペースにして最大で6倍**です。一時、アクティブコミュニケーションを休止しましたが、それでも投稿頻度の改善に効果があり、改善前よりよいペースでフォロワー獲得ができました。

　フォロワーを増やすためにはまず「アカウントを知ってもらう」ことが大事です。アクティブコミュニケーションは有効な施策だと改めて実感させられました。

アクティブコミュニケーションの例。投稿に「いいね！」をしたユーザーからコメントが付いています。

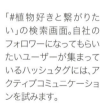

「#植物好きと繋がりたい」の検索画面。自社のフォロワーになってもらいたいユーザーが集まっているハッシュタグには、アクティブコミュニケーションを試みます。

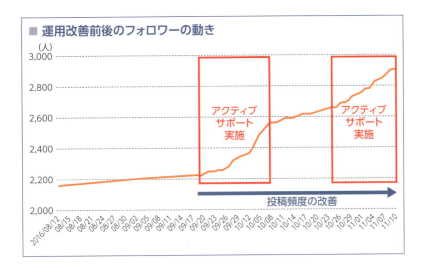

　プロフィールリンク経由でのアプリダウンロードも毎日発生しており、Instagramが成果に繋がっていることが確認できています。

　上記の結果により、GreenSnapではアクティブコミュニケーションを最重要施策と位置付けています。とはいえ、手動でのアクティブコミュニケーションは手間と時間がかかる作業です。

　そこで、**アクティブコミュニケーションを自動化してくれるツール「hashlikes（ハッシュライクス）」も導入**し始めました。

　このツールでは事前にハッシュタグを設定しておけば、「いいね！」を自動化してくれるので運用の負担が軽減されます。定期的に設定ハッシュタグの見直しを行っており、運用の改善も図っています。ただ、自動化ツールに頼りすぎずて、一方的に「いいね！」をつけるだけでは、スパム（迷惑アカウント）だと思われてしまいます。他のユーザーへのコメントや自社へのコメントの返信などはこまめに行うようにして良心的なコミュニケーションとなるように注意しています。

https://hashlikes.jp/

02 ユーザー目線のハッシュタグキャンペーンを実施
Oisix「夏のOisix写真投稿キャンペーン」
（オイシックス株式会社）

ハッシュタグキャンペーンは、投稿をしてもらう工夫が必要です。Oisixの事例からは、実施に必要な要素やキャンペーン成功の秘訣が学べます。

1 親子をメインターゲットにしたキャンペーンを実施

　有機野菜などの宅配サービスを手掛けるOisix（オイシックス）では、**夏季プロモーション施策として、ハッシュタグキャンペーン**を実施しました。

　「Oisixで購入した商品を楽しんでいる様子」をテーマに、Oisixの野菜や、料理の写真をTwitterとInstagramに投稿するキャンペーンです。

　実はハッシュタグキュレーションツールはInstagramだけではなくTwitterのハッシュタグも収集することができます。幅広いユーザーからの投稿を集めたいときはTwitterを併用するケースもあります。OisixのキャンペーンでもTwitterとInstagram、両方での投稿を呼びかけており、参加者を増やす工夫となっています。

基本情報

- **企業名** オイシックス株式会社
- **アカウント** @oisix
- **URL** www.oisix.com/sc/ig_yasaitop
- **事業内容** 「子どもに安心して食べさせられる食材」をコンセプトに、有機・特別栽培野菜、添加物を極力使わない加工食品など多様な食品と豊かで楽しい食生活に役立つ情報をオンラインサイト「Oisix（おいしっくす）」(http://www.oisix.com/)にて提供する事業を2000年6月より行っています。

■ **キャンペーン概要**
期間：2016年7月28日〜8月31日
応募メディア：Instagram、Twitter
応募条件：キャンペーン期間中に合計1,500円（税込）以上を購入し、Oisixの写真を撮影して投稿すること
ハッシュタグ：#夏だからおいしっくす
プレゼント内容：トースター（1名）、Oisixの旬の野菜・フルーツの詰め合わせセット(49名)

キャンペーンページでは、投稿期間やハッシュタグ、投稿を募集するSNSのアイコンなど、必要な要素をひと目で見られるようになっています。

　キャンペーンページ内では「こんな投稿お待ちしています」との文章とともに、凡例の写真を付けています。オイシックスは夏休みの自由研究を助ける商品を出しており、凡例でも夏に味わってほしい、使ってほしい商品の紹介とそれを楽しんでいるお客様の様子を具体的に見せていることがポイントです。凡例のイメージでキャンペーンの方向性は大きく変わってきますが、今回は幅広いユーザー

を対象としながらも夏休みで時間がある親子をメインターゲットにしていることが読み取れます。

　夏休み中の親子のコミュニケーションをOisixが手伝うことで、消費者との間に心理的な結び付きを作るのです。

キャンペーンページ内の投稿凡例。子どもとのふれあいや料理写真など、投稿写真を幅広く募集していることがわかります。

2 「自分ごと化」できるキャンペーン用ハッシュタグの設定

　キャンペーン用ハッシュタグは「#夏だからおいしっくす」に設定しました。**投稿するユーザー目線の言葉にしており、投稿をユーザーによって「自分ごと化」させています。**あえてひらがな表記にしている「おいしっくす」がキャンペーン全体の夏休み感を印象づけています。

　また、プレゼントは自社商品である野菜の詰め合わせを49名に加え、特賞として人気のトースターを１名に設定しています。自社商品の数を多くし、当たる期待を持たせつつも、１名には豪華商品を設定することで参加のモチベーションを上げているのです。ターゲットへの引きが強く、自社の商品とも親和性が高いものを設定していることがポイントです。

3 ユーザー同士の交流も生まれる

　投稿写真をInstagramのハッシュタグで検索してみると、子どもと一緒に撮った写真も見られます。子どもが写っていないものでも、「子どものお泊り会で作ったフルーツポンチ」の写真など、キャンペーンコンセプトがうまく浸透していました。

　Oisixユーザーの投稿が、その他のユーザーを巻き込み会話が生まれていることも見逃せません。たとえば、あるユーザーの投稿に対して、ママ友からのコメントが付くと、まるで「ご近所さん同士の会話」がInstagramの中で行われているようになります。ご近所さんがおすすめしている野菜なら、なんだか試してみたい気持ちになりますね。このようにユーザー同士の会話の中に企業が入っていけることはInstagram活用の大きなメリットといえるでしょう。

投稿された写真は、キャンペーンサイト内で一覧できます。写真の上にマウスを置くと、キャプションが表示され、Instagramのアイコンをクリックすると、投稿者のInstagramページが表示されます。

03 投稿画像をFacebook広告に活用
カゴメ健康直送便「つぶより野菜」（カゴメ株式会社）

Instagramのハッシュタグ投稿画像は、広告としても活用できます。SNSの広告出稿の特徴と合わせて、「つぶより野菜」の広告施策を解説します。

1 InstagramのUGCをFacebook広告に活用

　大手食品メーカー、カゴメ株式会社の通信販売チャネル「カゴメの通信販売 健康直送便」では、通販限定商品である「つぶより野菜」の新規顧客獲得施策として、**InstagramのUGC（P.134参照）をFacebook広告に活用し成果を上げました。**

　50代以上がメインユーザーの通販限定商品のため、従来の広告出稿は折り込みチラシやテレビCMといったオフライン施策が中心でした。しかし、自社顧客を多角的に調査・分析した結果と、既存顧客とのコミュニケーションから見えてきた「共感」ポイントを生かすには、Instagramによるクリエイティブと Facebookの精緻なターゲティング機能を組み合わせた、SNS広告施策が有効でした。

基本情報

- **企業名** カゴメ株式会社
- **アカウント** Instagramアカウントなし
- **URL** http://shop.kagome.co.jp/lp/tsubuyori_lpc/
- **事業内容** 「カゴメ健康直送便」は、調味食品、保存食品、飲料、その他の食品の製造・販売を手掛ける大手食品メーカー・カゴメが運営する自社通販サイト。

2 ユーザー視点の広告を重視

「カゴメ健康直送便」では近年、従来型広告の効率低下にともない、「マス広告」「Web広告」などメディアごとに個別に施策を行うのではなく、広告媒体をターゲット起点で見直し、最適な媒体に広告を投下する方針に転換していました。中でもFacebookは、精緻なターゲティング機能に加えて、自社のメインターゲットである"情報感度の高い中高年層"と接触頻度が高いメディアであると判断したことから、本格的な広告運用を開始しました。しかし、新聞折込チラシやネット広告など、従来の広告枠で高い成果を上げてきたクリエイティブをFacebook広告に流用しても、期待したような効果を上げることができませんでした。

Facebookのタイムライン広告は友人の近況報告や知人の私生活の情報の間に表示されるため、Instagram同様、**いかにも広告だとわかるクリエイティブは嫌われる傾向にあります**。Facebook広告の表示アルゴリズムは、ユーザーが嫌う広告をフィードに表示しに

(上)従来型広告の常勝クリエイティブと既存顧客のVOCを前面に押し出したクリエイティブ
(左)従来型広告クリエイティブを利用したFacebook広告

くくするため、**Facebookユーザーの心理や行動を理解し、ユーザーに好かれる広告である必要がある**のです。ですから、配信ターゲットのフィードで違和感なく受け入れられる「ユーザー視点」のクリエイティブとして、InstagramのUGCが採用されました。

3 Instagramでモニターキャンペーンを実施

　まず、ファンサイト運営サービス「モニプラ」を活用し、商品を体験してハッシュタグ付きの画像をInstagramに投稿してもらう、モニターキャンペーンを開催しました。キャンペーンの参加者は、すでにブランドに対して愛着があるファンであるため、商品の魅力を十分に理解したうえで、リアリティーのある画像を投稿してくれました。

　集まった画像の中から異なるタイプのものを複数選び、SNS広告運用支援サービス「Letro（レトロ）」（P.134参照）によって広告出稿。

画像ごとの効果を検証しながら配信を最適化することで、Facebook広告の効果を格段に向上させることができました。

カゴメつぶより野菜ファンサイト
http://monipla.jp/tsubuyori/tsubuyori01/

SNS広告運用支援サービス「Letro（レトロ）」の運用フロー

4 ハッシュタグ投稿画像の活用で高い広告効果を発揮

キャンペーンで集まったInstagramのハッシュタグ投稿画像を活用したFacebook広告は、クリエイティブ改善前に比べて高い広告効果をあげました。

ハッシュタグキャンペーンでInstagramに投稿された画像は、『野菜100％』を訴求している商品なのに氷で薄めていたり、製品名が隠れてしまっていたりと、従来の広告クリエイティブの常識からは逸脱しているものもありました。しかし、**これこそが企業視点での制作では出せないリアリティーになっていて、実際に広告効果も高かった**そうです。

さらに、キャンペーンを通じて投稿された画像には、「これ美味しいですよね」「買ってみます」といったコメントが付くものも多く、オーガニックなクチコミとしても良質なコンテンツになっています。

「#つぶより野菜」を付けて投稿された画像。料理と並べたものや、屋外で撮影されたものなど、さまざまな方法で撮影されています。

Instagramの写真を自社ECサイトで活用
スキンケア化粧品シリーズ「ライスフォース」(株式会社アイム)

Instagramの投稿画像は、ECサイトで活用することで販促効果が期待できます。ここでは、ライスフォースのECサイトへの応用取り組みを紹介します。

1 滞在時間延長・CVR向上を実現

　スキンケア化粧品シリーズ「RICE FORCE（ライスフォース）」などの通販を手掛ける株式会社アイムは、**Instagramに投稿された製品に関する写真をECサイトのコンテンツとして利用し、コンバージョン率（以下CVR）や直帰率の改善に成功しました**。本施策では、特定のハッシュタグが付いた写真を自動で収集し、ECサイトに表示して写真ごとの購買データを活用できる「ブツドリソーシャル」というサービスを利用しています。

2 UGCで効率的に共感を生み出す

　商品を実際に手に取ることができない通販サイトでは、リアルな使用感が伝わる商品写真の有無が購買行動に大きく影響します。消

基本情報

- **企業名**　株式会社アイム
- **アカウント**　@riceforceglobal
- **URL**　http://en.riceforce.com/
- **事業内容**　スキンケア化粧品シリーズ「RICE FORCE（ライスフォース）」を中心とした化粧品、サプリメント、食品、美容雑貨などの国内および海外通販。

費者が生活の中で撮影した写真は、リアルな「体験」や「感想」が伝わりやすいので、企業が宣伝用に制作したクチコミよりも、商品の消費シーンを想起させたり、共感を醸成できます。また、**UGCを活用することで、ECサイトに掲載する写真の制作コストを従来よりも抑えることができます**。スマートフォンの普及に伴い、ECサイトにおける画像の重要性が高まる中、撮影コストを下げつつ、魅力的な写真を増やしていけるUGCは非常に有効でしょう。

　集めた写真は、ブランドイメージに合致したものを選び、用途に応じて最適な写真を掲載します。ECサイトに掲載した写真のクリック・スルー・レート（以下CTR）※などを個別に計測し、販促効果を分析しながら、写真の差し替えや配置替えを実施できます。

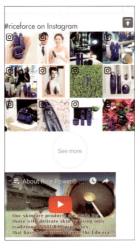

InstagramのUGC画像を掲載した英語版ECサイト

ブツドリソーシャル運用フロー　https://www.aainc.co.jp/service/vtdr/

※クリックされる割合（クリック率）のこと。

3 投稿画像から商品購入までの流れ

　写真の利用方法は以下の通りです。「ライスフォース」に関する写真をハッシュタグ付きで投稿してもらうキャンペーンを行ったり、Instagram上で魅力的な写真の投稿者に許可を取ったりして収集した画像を、「ブツドリソーシャル」を利用してECサイトに埋め込んでいます。

　また、画像をクリックした先の拡大画面には商品ページへのリンクが表示されており、**UGCをきっかけに商品に興味を持った訪問者がすぐに購入できる導線**となっています。

赤枠のリンク画像をクリックすると商品購入ページに遷移します。

4 言語の壁がない画像の強み

　国内向けECサイトでは、ABテスト（P.104参照）などで掲載画像を最適化したことにより、CVRが実施前の約1.6倍に高まりました。また、海外向けの英語版ECサイトでは、CVR以外に直帰率が115％改善するなどの効果が出ています。

　このようにInstagramの画像は言語に関係なく商品の利用シーンを伝えられるため、**越境ECのサイトコンテンツとしても効果を発揮**します。

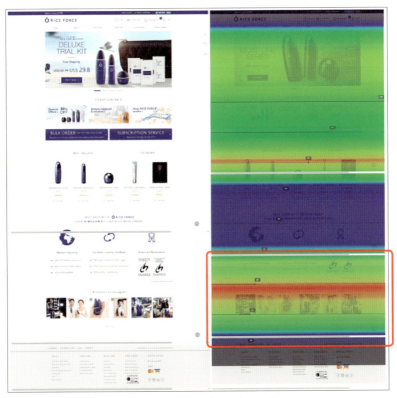

「ライスフォース」の海外向けECサイト（左）と同ページのヒートマップ（右）
ヒートマップはユーザーの思考を可視化し、注目されている箇所が赤く表示されます。ページ下部のUGC掲載部分が赤く、注目度が高いことがわかります。

05 Instagramの世界観を活用してブランドイメージを醸成
BEAUPOWER プラセンタ Sparkling （常盤薬品工業株式会社）

キャンペーンやインスタグラマーへのサンプル提供など、包括的な施策事例から、Instagramを活用したブランドイメージの醸成方法を知りましょう。

1 Instagramの世界観を活用したクリエイティブを制作

　美容ドリンク「BEAUPOWER（ビューパワー） プラセンタ Sparkling」は新発売に際し、メインターゲットである美容やファッションに敏感な20代、30代女性とInstagramの媒体親和性に着目。**商品サイトやキャンペーンのメインビジュアルにInstagramの世界観を採用した他、インスタグラマーを活用してブランドイメージを醸成・拡散**しました。

「BEAUPOWER プラセンタ Sparkling」発売記念キャンペーンサイトのメインビジュアル。

基本情報

企業名	常盤薬品工業株式会社
アカウント	@beaupower_jp
URL	http://beaupower.jp/sparkling/

事業内容

ノエビアグループの常盤薬品工業株式会社は、一般用医薬品から化粧品まで、ユニークで高品質な商品の製造販売を行っています。
せき止め薬「南天のど飴(第3類医薬品)」や、機能性ドリンク「眠眠打破(清涼飲料水)」、セルフ化粧品「なめらか本舗」や「エクセル」、低刺激性化粧品「NOV(ノブ)」などを展開しています。

2 ターゲットに合わせてInstagramを選択

新商品の発売に際しては、認知獲得やブランドイメージの醸成が必要であり、商品ターゲットやコンセプトの訴求には、ターゲットにマッチしたメディア選択が重要です。「BEAUPOWER プラセンタ Sparkling」のメインターゲットは美容やファッションに敏感な20代、30代女性でした。ターゲットの属性からInstagramの利用者が多いと考えられたため、**キャンペーンサイトもInstagramの世界観をしっかりと反映したクリエイティブで制作**されています。

キャンペーンサイトのデザインやイメージ画像もInstagramのイメージで統一されています。

3 インスタグラマーの写真で「憧れ」「共感」を生み出す

　Instagramを活用した施策では、Instagramへのハッシュタグ投稿を促すオープンキャンペーンおよび参加投稿の収集・二次利用の他、インスタグラマー（インスタグラムでの影響力が高いインフルエンサー）へのサンプリング、Instagram広告出稿を実施しました。インスタグラマーの画像はキャンペーンサイトに掲載する他、女性向けWebメディアのタイアップ記事用コンテンツにも活用しています。

インスタグラマーのおしゃれな写真で「憧れ」を醸成し、リアリティーのある利用シーンなどのユーザー投稿で「共感」を獲得するという、多角的なアプローチでブランドイメージの醸成に繋げています。

4 Instagramマーケティングの施策設計

　ハッシュタグキャンペーン、インスタグラマー、Instagram広告、ウェブメディアタイアップとさまざまな施策を組み合わせ、Instagramというメディアの世界観を最大限に生かしたプロモーションを成功させるには事前の施策設計が重要です。

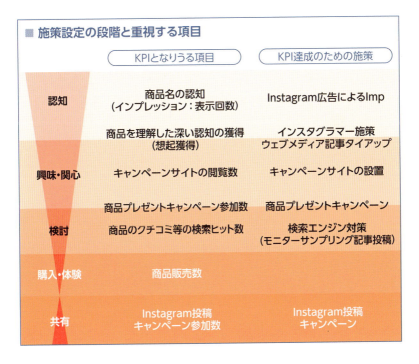

■ 施策設定の段階と重視する項目

　このように、認知獲得から購買・体験、共有までの顧客体験の段階ごとに、達成したい目的とその指標を定め、達成のための施策を検討することで、各施策を効果的に連携することができます。また、事前にこうした指標を設計しておくことで、効果測定をしながら運用できるので、想定効果に満たない場合には追加施策を講じることができ、プロモーション全体の成功確度を高められます。施策後の効果検証も容易になるので、次回への課題抽出にも役立てることができるでしょう。

索引

英字 記号

ABテスト ································· 104
Adobe Photoshop Fix ··········· 44
Adobe Photoshop Mix ··········· 44
Aista ···························· 138, 146
BeautyPlus ···························· 43
Boomerang ···························· 39
CTAボタン ···························· 111
ECサイト ······························ 87
Facebookページ ···················· 116
Facebook広告マネージャ ······ 118
Flipagram ····························· 45
Gramblr ······························· 82
hashlikes ···························· 155
Hyperlapse ··························· 38
Instagram ····························· 10
Instagram Stories ················· 150
Instagramインサイト ····· 138, 140
Instagram広告 ······················ 110
Instagramリンク ···················· 114
Instagrid Grids for Instagram
···························· 108
Instagrids ··························· 108
ICONOSQUARE ··········· 138, 142
Later ································· 82
Layout from Instagram ········ 40
Letro ································· 134
MSQRD ······························ 43
Prisma ································ 45
Repost ································ 46
Snapseed ···························· 42
SNS ·································· 11

Social-IN ····················· 139, 148
UGC ·································· 134
#ootd_WITH ························· 47

あ行

アカウント ···························· 18
アカウント運用 ······················ 84
アカウントの追加・切り替え ······· 22
アクティブコミュニケーション ···· 92
いいね! ······························ 20
イベント ······························ 78
インスタジェニック ·················· 50
インスタグラマー ···················· 98
インストール ························· 18
インフルエンサー ···················· 96
インフルエンサーマーケティング
···························· 96
埋め込み ····························· 80
運用型広告 ···················· 13, 110
エンゲージメント ···················· 137

か行

カスタムオーディエンス ··········· 133
画像広告 ····························· 112
カルーセル広告 ······················ 113
キャプション ························· 31
キャンペーン用ハッシュタグ ······· 70
キュレーション ······················ 81
クチコミ ······························ 57
クリエイティブ ······················ 27
コアオーディエンス ················· 132

効果測定 ……………………… 136
広告ポリシー ………………… 126
コメント ………………………… 21
コラージュ ……………………… 40

さ行

撮影機材 ………………………… 35
写真 ……………………………… 30
ステルスマーケティング ……… 102
送客 ……………………………… 15

た行

ダイレクトメッセージ ………… 77
タグ付け ………………………… 32
縦長画像 ………………………… 34
動画 ……………………………… 36
動画広告 ……………………… 112
投稿頻度 ………………………… 88
投稿時間 ………………………… 89
同時投稿 ……………………… 106

な行

人気投稿 ………………………… 61

は行

ハッシュタグ …………………… 52
ハッシュタグキャンペーン ……… 64
ハッシュタグキュレーション …… 81
ハッシュタグ検索 ……………… 56

パワーエディタ ……………… 116
ビジネスプロフィール ………… 122
フィード ………………………… 11
フィルター ……………………… 30
フォトプロップス ……………… 79
フォロー ………………………… 11
ブツドリソーシャル …………… 104
ブランドイメージ ……………… 14
プロフィールページ …………… 94

ま行

メインテーマ …………………… 25
モニプラ ……………………… 162

や行

横長画像 ………………………… 34

ら行

リグラム ………………………… 46
類似オーディエンス …………… 133

　SNSは企業と消費者の間に新たなコミュニケーションを生み出し、マーケティングにも大きな変化を及ぼしました。企業にとってSNSをどう活用するかは今や、経営にまで影響が及ぶテーマになりつつありますが、実際のビジネス現場では、SNSマーケティングだけに専念できている担当者は、多くはいないでしょう。

　私たちが所属するアライドアーキテクツ株式会社は、企業のSNSマーケティング支援の専門会社です。これまでに累計4,000社以上のSNS活用をお手伝いさせていただく中で、他業務との兼任で多忙を極めながらも、成果を上げるべく苦労されている多くの現場担当者の方を見てきました。ですから、本書は「ひとりでも成果が出せる」と冠して、企業の兼任SNS担当者の方が、少ないリソースの中でもInstagram活用で成果を上げるために、知っていただきたいポイントをまとめました。

　最後までお読みいただいて、「ここに書かれていることを全部ひとりでやるのは無理だろう」とお感じになった方もいらっしゃるかもしれません。いいえ、全てをひとりでやる必要はないのです。Instagramマーケティングの全体像を把握し、自社に合った活用方法をしっかりイメージできれば、あとは便利なツールや、私たちのような支援会社、代理店などの外部リソースを活用して、成果を上げることができます。ですから、担当者には、企業がInstagramを活用して何ができるのか、そのためにはどんな考え方が大切なのかという本質を理解していただきたかったのです。

ビジュアルをベースとしたInstagramのコミュニケーションは、FacebookやTwitterとはまた違った考え方で設計する必要があります。そのため、Instagramマーケティングは、これまでのノウハウがそのまま通用するわけではなく、今はまだすべての企業が試行錯誤の中で、活用法を模索している状況でしょう。未だ絶対的な成功法がないからこそ、自社ではどんなトライをするのかというアイディアが一番重要になります。

　本書ではそうしたアイディアの幅出しの一助となるように、既にInstagramを活用して成果を上げている企業事例もなるべく多くご紹介するようにしました。本書を参考にしたトライ＆エラーとPDCAの先に、御社ならではのInstagram活用法を見つけていただければ幸いです。

　最後に……
　先行者の果敢な挑戦の結晶を事例としてご提供くださった企業様。本書出版という貴重な機会を与えてくださった株式会社ラトルズ様。稚拙な原稿を巧みな編集でまとめてくださった株式会社ナイスク松尾社長、石川様、尾澤様。企業様と共に日々SNSマーケティングで新たな価値を生み出しているアライドアーキテクツの仲間たち。執筆にお力添えいただいたすべての方々に感謝いたします。
　そして、お買い上げいただき、最後まで読んでくださった読者様、本当にありがとうございます。本書が、御社のInstagram活用の成功に寄与することを願ってやみません。

2016年12月吉日

アライドアーキテクツ株式会社

藤田 和重

金濱 壮史

藤田 和重（ふじた かずえ）

2007年アライドアーキテクツ株式会社入社。ユーザーサポートやコンサル業務を経て、現在はソーシャルメディアのビジネス活用情報サイト『SMMLab』編集長。『今すぐ使えるかんたんmini Instagram インスタグラム はじめる&楽しむ ガイドブック』（技術評論社）執筆のほか、業界専門誌への寄稿や大学・大学院での特別講師など、ビジネス領域でのソーシャルメディア活用支援に従事。

金濱 壮史（かなはま たけし）

アライドアーキテクツ株式会社　マーケティング事業本部
2014年アライドアーキテクツ入社。SNSマーケティングプランナーとして企画・プランニングやSNS広告、インフルエンサーマーケティングなどの業務に従事。エンゲージメント、WOM領域での支援を得意とし、運営サイト「SMMLab」をはじめWebメディアなどで関連記事の執筆も行う。

アカウント運用からキャンペーンまでひとりでも成果が出せる
いちばんやさしいInstagramマーケティングの教科書

2016年12月31日　初版第1刷発行

著者　アライドアーキテクツ株式会社、藤田 和重、金濱 壮史
監修　SMMLab
装丁・本文デザイン・DTP　エルグ
企画・編集　ナイスク　http://naisg.com
　　　　　　松尾里央
　　　　　　石川守延
　　　　　　尾澤佑紀
協力　オイシックス株式会社
　　　カゴメ株式会社
　　　株式会社アイム
　　　常盤薬品工業株式会社

発行者　黒田庸夫
発行所　株式会社ラトルズ
〒115-0055　東京都北区赤羽西4丁目52番6号
TEL　03-5901-0220（代表）　　FAX　03-5901-0221
http://www.rutles.net

印刷　株式会社ルナテック

ISBN978-4-89977-456-3
Copyright ©2016　Allied Architects,Inc. and Kazue Fujita and Takeshi Kanahama and NAISG,Ltd
Printed in Japan

【お断り】
● 本書の一部または全部を無断で複写複製することは、法律で認められた場合を除き、著作権の侵害となります。
● 本書に関してご不明な点は、当社Webサイトの「ご質問・ご意見」ページ（https://www.rutles.net/contact/index.php）をご利用ください。電話、ファックスでのお問い合わせには応じておりません。
● 当社への一般的なお問い合わせは、info@rutles.netまたは上記の電話、ファックス番号までお願いいたします。
● 本書内容については、間違いがないよう最善の努力を払って検証していますが、著者および発行者は、本書の利用によって生じたいかなる障害に対してもその責を負いませんので、あらかじめご了承ください。
● 乱丁、落丁の本が万一ありましたら、小社営業部宛てにお送りください。送料小社負担にてお取り替えします。